モノが私を
れる

10年先も使いたい　暮らしに投資するモノ選び

本多さおり

大和書房

はじめに

「今のあなたのモノ選びの視点は？」と聞かれたら、「私を助けてくれるモノ！」という答えが浮かびました。それは毎日の生活が、モノによって助けられていると思うからです。

「助け」の角度はさまざま。ラクや時短を叶える高機能な便利さだったり、洗濯を繰り返してもへたれない上質さだったり、収納を圧迫しないコンパクトさだったり……。「素晴らしいデザインだな～」と目にするたび嬉しくなるような見た目だって、機嫌よく暮らす助けになるのです。

モノが好きだからこそ、「持っているモノ＝使っているモノ」という理想があります。だから家で使っていないモノを見つけたら、手放すことを考えます。使っていないということは、それはもう私を助けてくれていないということだから。もし働き場所を変えれば、他の人の助けになってくれるのならば、喜んで手放したいと思っています。また、同様に別の家では役目が終わったモノを、我が家で再び活躍してもらうため譲り受けることもあります。そうやってモノが人から人へ巡って、常に働いている状態にある姿はとても好ましいことだと思います。

「モノに助けられたい」の背景には、世の中に次々生み出されるたくさんのモノの存在があります。昔から多くの人に愛用されてきたロングライフデザインのモノもあれば、画期的な機能や旬のデザインが更新されていく新しいモノも続々と。お店やネットショップを覗くと、目移りしてあれこれ欲しくなってしまいます。けれども私が本当に欲しいのは「私を助けてくれるモノ」だけです。「あぁ、これさえあったらきっと……」というモノ頼み感ではだめ。大事なのはもっとその先まで具体的に想像した、「これを買ったらこんな風に助けてもらうんだ！」という主体的な選び取りと、自分の生活に合わせて使いこなす覚悟。どんなモノでも情熱をもって選び、自分流に使いこなすことで、それは頼もしい生活のパートナーになってくれるでしょう。この本がそんなパートナー選びの手助けができたらとても幸いです。

一章、

今の私のモノ選び　5つの心得

今の自分は生活にどんなモノを選ぶのか、
どうやって選ぶのか、
どうしてそれを選ぶのか。
新たにモノを買うときの心得、
そして家のなかでの
モノの持ち方について考えてみました。

10年後もよいと思える簡素で普通なモノを選びたい

まるでアイコンのように定番のデザインのモノが好きです。いすらしい、いす。皿と言えばの、皿。どんな気分のときでも、何歳になっても飽きることなく使えるデザインとは、そういう簡素で普通なモノ。使いやすさや使い心地が考え尽くされたモノは、余計なものを削ぎ落したシンプルな美しさをたたえています。

普通というのは、「中程度」ではありません。モノが主張をするのではなく、ヒトの暮らしを支えるという当然の役割を、不足なくまっとうしている「普通」。奇をてらうことなく、そこに在《あ》るのが「普通」であるもの。じつは、世の中のモノの大半が普通とは少しずらして作られがちだから、見つけるのには労力がいります。簡単に探させてくれる無印良品を愛するのは、そういう理由です。

無印良品は手頃で助かりますが、職人による名品となるとそうはいきません。「これぞ、欲していたモノだ！」というときに、値段が高ければ当然ひるみます。それは、決まっている収入を生活にどう配分するかという問題。食費にローンに、光熱費に教育費。モノにはそんなにかけられません。

それでも、私の節約とは「無駄にしない」だと思っています。適当に買って無駄になったものたちのコスト10年分と、最初に厳選して10年使い続けたいいモノでは、後者の方が低コストかもしれない。そしてその10年、どちらが暮らしに「ラク」と「よろこび」をもたらしたかというと、断然後者です。だから私は、目先のお得感ではなく、10年先の暮らしにまで投資するような気持ちでモノを選びたいと考えています。

使いやすさと美しさが細部まで行き渡る柏木千繪さんのカップ。何をいれても、とっておきの一杯に感じます。丈夫で扱いやすいのも大きな魅力。

どう選ぶ？
情報収集は積極的に

新しいモノを買うまでには、①「こういうのがほしいな」と思う、②「どんな商品ならいいかな」と検討に入る、③「こういうシーンでも使えるな」と複数回多方向から思う、④商品情報を収集し始める、という道筋があります。ほしいと思ってすぐに適当なものを買ってしまうと、「結局それほど使わない」「ほかのモノの出番を奪う」「使えるけど使いにくかった」「もっといいモノを後から見つけた」など悔しい目に遭う確率が高いから。買うモノを無駄にしないためにも、よくよく検討し、最適なモノを見つけるための情報収集は大切です。

私の情報源は、グーグル検索、好きなメーカーや店舗のサイト、好きなブロガーのモノ紹介、インスタグラム、雑誌（『暮らしのおへそ』など）、知人。テレビで見た情報が、あとから「そういえば」と浮かぶこともあります。

グーグル検索で用いるのは「画像検索」です。いっぺんに目に入る情報が多く、見た目の一瞬で判断できるので取捨選択が早い。検索の上の方だけではなく、下の方まで掘っていきます。同時に、インスタグラムでも検索します。グーグルが売り手からの情報だとしたら、インスタグラムは使用者からの情報が圧倒的に多いです。どんな人がどんなシーンで使っているのかを見ていると、自分の暮らしに合うかどうかが具体的にイメージできます。ときに、「この人はずいぶんこの分野に詳しいなあ」と有益な情報発信者を見つけられたりして、やめられません。時間がないと難しい情報収集ですが、深く掘り進むのは楽しいひととき。

収集した情報を友人と交換するのもまた楽しいものです。友が「こんなモノ探していてさ」と話すとき、「こういういいモノがあるようだよ」と教えたり。実際に自分が使ってどうだったかを伝えたり、伝えてもらったり。そんなモノにまつわる情報交換は、相手をより深く知り、相手により興味をもつことのできるよきコミュニケーションだと感じています。

ごきげん時間に貢献する働きモノ追求

子どもが生まれる前までは、ヨガに通ったりカフェでゆっくりしたりと、満たされるための手段が多々ありました。仕事に追われてキャパシティがおちょこになっても、気軽に自分の機嫌を取って日々を乗り切ることができました。けれど今、時間がありません。長男が生まれて4年、次男が生まれて2年、これほどまでにままならないとは。世界中のお母さんに敬礼です。

ままならない今の生活だけれども、1日1日の積み重ねが人生。できることなら、自分の毎日を気に入って過ごしたいのです。そのために頼るのがモノ。頼れるモノとは、よく働いてくれるモノです。使うたびに「便利だなあ」「心地いいわあ」と喜びを与えてくれるモノです。「精神的にも、時間的にも追われている今まさに助けてほしい」という切なる願いに、応えてくれるモノです。

例えば、やることだらけの夕方に、子どもがドタバタするのを叱りながら家事をするなんてメンタルが持たない！　というときに助けてくれるＩＫＥＡのプレイマット。わが家はマンションなので騒音には気を遣います。この上で遊んでいる分には「子どもを静止」という難仕事から解放されるのです。そして気分をあげてくれる、使い勝手がよい見た目もお気に入りの調理器具たち。「拭かなきゃ」ではなく「拭きたい」と思わせてくれるセルロースの布巾。濡れた浴室にちょっと足を踏み込んでも問題のない、合皮張りのルームシューズ。モノが、日々の動作をどれだけ助け、自分の機嫌を保ってくれていることか。

育児中に限らず、生きている限りモノに頼っていきたい。モノで人生を豊かにしてもらいたい。そのために、賢い消費者でありたい。こんな思いが年々強くなっています。

モノは働けるうちにみんなでシェアする

昨年、実家の片づけ祭を行ないました。納戸のなかは、「いつか使うだろう」と収められたモノでぎっしり。それは例えば、ブラウン管のテレビが3台等々です。タンクトップいっちょで運び出しまくり、自治体のゴミ収集センターに車で5往復！この件で学んだのは、一軒家の

溜め込むキャパシティは物凄いということ、ゴミはゴミを呼ぶということ、「いつか使う」は高確率でやってこないということです。

大切なのは、家にあるモノが「今」うちで使うものなのか、否か。「これまで使っていたけれど、しばらくは使わないから……」の先に「しまっておこう」が来るのか、「手放そう」が来るのかで家の将来が変わります。そしてこの「手放そう」が、「捨てよう」だともったいなくて踏み切れない方が多い。ところが「次に使う人に回そう」となればどうでしょう。

モノを家の中に死蔵させておいて幸せになる人はひとりもいません。持っている人はスペースと管理を負担し、モノは働くこともできず劣化の一途。それが、ほかの人に回せばこの両者だけでなく、新しい持ち主にも幸せをもたらす一挙三得です。

子どもを持って、ベビーベッドやバウンサーはお古を回してもらいました。いいモノだったのでとても使い勝手がよく、丈夫なのでさらに次の人に回すことができました。だから自分で育児グッズを買うときは、適当な間に合わせではなく、本当に育児の助けとなるいいモノを選ぶことにしています。子どもの成長で役割を終えたら、しまわずすぐにラインなどで「誰かいらないか」と嫁ぎ先を探します。いなければ、フリマアプリの「メルカリ」を利用。売るだけではなく、買うこともあります。育児グッズに限らずモノ全般で、いいモノをみんなでシェアできたら。こんなモノの持ち方が理想的だと感じています。

見て、触って、聞いて。やっぱり実店舗はやめられない

お店に行ってモノを見るのが好きです。それはまるで、美術館に絵を見に行くのと同じように。買わなかったとしても、「こんなモノがあるんだ」「おもしろいな」「きれいだな」と見ているだけで楽しく、知識と刺激をもらえます。そのうえ気に入れば手に入れられるなんて最高。お店でモノを見ることは、私にとって一番のリフレッシュ方法です。

以前から、夫婦ともにお出かけが好きでした。そこに、何か「黒いカーディガンがほしいんだよね」「ハチミツが切れてるんだよね」という目的があると行き先が定まり、イベント感が増します。もし自由な時間がポンとできたら、家でゆっくりするより断然出かけたい。覗くのは、やっぱり暮らしのモノのお店です。「こんなのほしいな」というアンテナは張りつつも、その他さまざまなモノをパトロール。ターゲットとは違う「これぞ!」を見つけたりと、出会いのすそ野の広さも実店舗のいいところ。たとえ10分しかいられなかったとしても、心が満たされます。

そして何より、実際にモノを手に取って見られるということは、

「モノを厳選する」にあたって大事なプロセス。ネットで買って届いてみたらちょっと違ったというのは、私も経験があります。どこでもいつでも買えるネットの利点は大きいですが、実物を手に取って使うイメージをしきれない不利もまたあまりに大きい。

そんなわけで、何か買うモノがあればこれ幸いと出かけていきます。ネットで買うのは、今持っているモノをリピートで買うとき。または信頼している実店舗のサイトから、その商品をすでに見知っている場合が多いです。ときに初めてのサイトで初めてのモノを買うこともありますが、できれば、お店で直接買って、持ち帰りたい気持ちが強いです。

身軽でいたいから

以前『モノは好き、でも身軽に生きたい。』という本を出版しましたが、このタイトルはまさに私のモットーです。モノ（とくに日用品）に触れ合うことは人生の楽しみ。お店でモノを見ること、そしてときにいい出会いがあれば買うことはやめられない。そうすると必然と家にはモノが増え続けます。そして消耗品以外のモノは、持ち主が意図的に手放さない限り家に残ります。つまり勝手にモノが減っていくことはない。だから身軽でいるためには、定期的な持ちモノの見直しが必要です。

身軽をイメージするときに浮かぶのは「家の体重」。「最近太ったかも？」と恐る恐る体重計に乗るときみたいに、家という箱に詰まっているモノが「最近重くなってきたかも？」とイメージしてみると、「何か手放すべきものはないだろうか？」といわば家のダイエットに着手したくなってきます。もう要らない情報が書いてあるプリントや子どもの壊れたおもちゃといった軽いものから、数冊集まるとずっしり重い本や、外食時活躍していたけれど、めっきり出番がなくなったテーブルにつける子ども椅子といった、重かったりかさばったりするものまで。「もう家から出してもいいモノ」がないかパトロールします。そうして見つかる「うちでは出番がなくなったけれどまだ使えるモノ」は、できるだけ早く次の人に使ってもらえるよう、フリマアプリの「メルカリ」を活用したり、子ども用品は身近な友人に「使わない？」と聞いてみたりして、積極的に嫁ぎ先を探します。

あっという間にゴミになってしまうことなく、モノがモノとして役目を長く全うできるよう、循環を生むモノ選びという視点も大事にしたいと思うこの頃。「身軽」に通ずる大事な心掛けだと感じています。

column 1

二章、

家事のサポーターになってくれるモノ

今の暮らしのなかで最も重視されるのは、
なんといっても
家事の助けとなってくれるモノです。
時間と心のゆとりにおおいに関わる、
肝心かなめのモノ選び。

苦手な料理も好きな掃除も、やっぱりラクを求めたい

ホコリは毎日降り積もり、朝昼晩とお腹は減る。だから毎日家事がある。なにも毎日磨きこむように掃除をしたり、毎食手の込んだごちそうをつくろうというのではないのです。ただ、最低限その日についた汚れはとっておきたいし、最低限バランスのとれたごはんを美味しく食べたい。……って、その最低限が毎日だから大変!

この大変さをのりこえるために、それぞれの家事のハードルをとにかく低くしたいのです。ちょっとした「使いにくい」「取りにくい」「管理しにくい」を取り除き、ストレスなく作業ができるように。これには、選ぶ「モノ」が大きく貢献します。例えば、マキタの掃除機は掃除のハードルを劇的に下げてくれました。コードがないので取り回しに煩わしさがなく、気軽に手に取れて、見た目が好みなのでその辺りに置いておける。生活動線上にあるので、「かけなきゃ」と思う前に手が動いてゴミを吸い取っています。部屋をきれいに保っているのはもう、私というよりマキタのおかげ。もともと掃除は好きですが、道具の重要性をしみじみと実感しました。好きな家事でもモノがこれほど大切なのだから、苦手な料理ときたらなおさらです。家事に関わるモノにはとくに、「選ぶ」を大事にしたいと思っています。

持ち手が便利で刃あたりのやさしい木印のまな板。8年使ってこれが2代目。メンテナンスもしてくれて、信頼のおけるお店です。

永くつきあえるモノに出会いたい

消耗品でない限り、「永く使えるモノを買いたい」というのはコレ自然な感情です。永く使えるものって、「使いやすい」「丈夫」「飽きが来ない」の3つが必要。どれが欠けても短期間での買い替えとなり、自分のお金だけではなく原材料や輸送コスト等々環境的にも負荷がかかってしまいます。昨今では購入＝「その商品、会社の姿勢を支持する意思」とみる動きもあり、大いにうなずけるところです。

問題は、この3条件をパッと見抜けるとは限らないこと。すぐにほしいけれどそのジャンルに詳しくなかったり、下調べをしても結局モノを絞れなかったり。そんなとき私が頼りにするのは、信頼しているメーカーです。「この会社がつくるモノなら間違いないだろう」と選んでみると、やっぱりだいたい間違いありません。ほかの商品ですばらしいと感じているメーカーは、品質のよさはもちろんのこと、つくり手の思考や好みが自分と合う確率が高いのです。

既知のメーカーにない場合は、世のロングセラーを選びます。永く人々から愛されるモノには、愛され続ける理由がある。値の張るものもありますが、永く使う分コスパは抜群。使うたび喜びがあるのだとすれば、それは便利を超えて幸せをもたらしてくれる大成功の投資です。

この包丁とまな板のいいところ

切ったものを鍋に移したり、洗ったりするとき便利な持ち手。見た目も好み。

バイト先で使っていて良さを実感し、結婚したとき迷わず選んだグローバルの包丁。まめに研いでいないけれど切れ味が落ちにくいので助かります。柄と刃の継ぎ目がないのも洗いやすくていい。

⇧ 刃物類は子どもの手が届かないところに置きたい、と探して見つけたのがこの包丁立て。強力マグネットをつけて、ピーラー、シャープナーなど刃物類をここにまとめて。調理台の奥に置いて、ツールを取るのがワンアクション。
キッチンナイフ&ハサミスタンド タワー(山崎実業)
⇨ 取っ手に皮紐がついているので、吊るして風通しよく収納しておけます。よく乾き、場所を取らないのが吊るしのいいところ。

包丁/グローバル 牛刀3点セット(GLOBAL)、まな板/Cutting Board Lサイズ(木印)

家電はホームポジションの確保が大切。キッチンのIHコンロ横をホットクックのホームポジションにしました。
水なし自動調理鍋ヘルシオホットクック／1.6ℓタイプ型番KN-HW16D（SHARP）

ご飯づくりの苦痛を分析してみたら

結婚して10年、ごはんづくりが苦痛でなかったことがありません。なぜもこんなに、と突き詰めて考えると、「メニューを決めるのが大変」「栄養を考えるのが大変」「結構な時間を取られる」「味付けがよくわからない」「いくらやっても上達を感じられない」「あげく子どもが食べない」といった理由が挙がってきました。「なにこれ、苦行?」と思わずにはいられません。

転機は、テレビでホットクックを目撃したことで訪れます。そのよさは、「メニューはブックから選べるので悩まずに済む」「材料を入れればあとは放っておける」「無水調理でとても美味しくできる」とのこと。どうやら、自分の感じている苦痛のほとんどが解消する機能を持ち合わせているようなのです。ただ、すぐに商品に飛びつくことはしませんでした。果たして自分に使いこなせるかと不安だったためです。購入の意思が固まったのは次男が離乳を終えて本格的に「家族4人分の食事」となったころ。より一層のご飯づくりの重圧を背に「ホットクックをなんとしても使いこなそう」「自分にはこの道しか残されていない」という背水の陣で覚悟が決まりました。使ってみた結果、予想以上のすばらしさ! 感じている不都合をしっかり見つめたことで、求めるモノへどんぴしゃでアクセスできたのだと踏んでいます。

考えたくない日の無水カレー

自分にはこの道しか

とにかく切って

あとセロリもいれよう
（おいしいから）

にんにくも少々

この間に洗濯を……

あとは放っておけば……

できました！

ホットクックのいいところ

家事の同時進行ができる

食材を使い切れる

手入れがラク

他にもこんないいこと

・おいしい！（味付けに悩まなくていい）
・メニューが豊富！（献立を決めやすい）

注水ボタンが上面にあり、子どもが誤って押しにくいウオーターサーバー。スッキリとしたデザインも決め手になりました。
FRECIOUS Slatフレシャス・スラット／マットホワイト（FRECIOUSフレシャス）

このウォーターサーバーのいいところ

麦茶づくりからの解放

年中麦茶を用意するのが面倒なので、うちでは水も「おちゃちゃ」と呼び、毎日の水分補給の要に。多少コストはかかっても、健康のためにも手放せない存在です。何よりお水がとても美味しい。

おすすめフリーズドライ味噌汁（うちのおみそ汁 なす／アマノフーズ）

コレ、おいしいんです

ちょこっと使いが便利

お湯でひじきなどの乾物を戻したり、熱々の味噌汁を子ども用に冷水で薄めたり、何かと時短に貢献。温水、冷水共に調理中のちょこっと使いがとても便利。

毎日のささやかな贅沢に

日本の優れた水道事情を考えると、ウォーターサーバーは生活必需品ではありません。月々のコストもそれなりにかかる、贅沢品の類かと思います。導入してみようかなと思ったときに、まずはモニターとして使用感を試すことにしました。

実際に利用してみると、手軽においしい水が飲めるがゆえに以前よりマメに水分補給をするようになり、「明らかに健康にいい」ことがわかりました。水だけでなくお湯もいつでも出せるので、お茶を飲むにも便利です。調理中もなにかと使えて、「これはかかるコストとスペースの負をさっぴいてもあまりある」と導入を決定。

その後、震災で水に不安が生じたときも非常に心強く、契約をしておけば自然とローリングストックできることもメリットだと感じました。ペットボトルで備蓄するより手軽で、管理の手間がありません。防災的な観点からも利点が大きいと感じています。子どもが生まれてからは、素早く調乳できてますます手放せない存在に。乳児期をすぎても〝水分欲しがり〟な幼児期。この水がおいしいので、麦茶の作り置きをしなくても不足がなく、年中麦茶づくりやポットの洗浄を気にしなくていいのはかなりの手間なしです。

もしもウォーターサーバーを持たず、代わりに2リットルペットボトルをローリングストックしていたとしたら……と考えてみると、「封を切ったものは冷蔵庫へ」「なるべく早く飲み切った方がいい」「減ってきたから買いたそう」など、行動や考えることがまあまあ増えます。サーバーは中を定期的に温水殺菌してくれるので、衛生上でも安心して任せっぱなしにでき、諸々を「気に留める」仕事をも放棄できるのがありがたい。

今の自分は、宝石やブランドものといった贅沢品がほしいとは一ミリも思いません。もし手にしたとしても、使う機会がなくて家で死蔵させるだけでしょう。子どもの小さい今、喉から手が出るほどほしいのは、「日々助けられる」「生活の支えになる」贅沢。なくても何とかなるけれど、あったら生活の助けとなってくれるプラスアルファのモノたち。

〝自分のなかの贅沢品〟は、その人が生活のなかで何を大事にしているかを表わすなあと感じます。そのとき夢中な趣味のモノなのか、大好きなファッションアイテムなのか、子どもの教育に関わるものなのか。そして同じモノの価値が人によって違うように、同じ人のなかでも年々〝贅沢品〟は変わっていくのだろうなと思います。

実用と美しさを兼ねそなえたモノを探して

料理が嫌いなのに、キッチンツールは大好きです。不思議な現象のようですが、何がいいって、ルックスがたまらないのです。あの、「自分働くことしか考えてないので」という風貌。その頼もしくもけなげな様子に、「ク〜！」と心が惹かれます。

私が「モノが好き」というとき、そのモノは「道具」を指すことがほとんどです。働くため、使われるための、道具。余計な装飾は一切ほどこされず、ただ「うまく働くためのデザイン」がそこにある。一見なんでもないようなモノだけれど、実はとても計算されている。キッチンツールには、その機能美が出やすいように思うのです。

そんなわけで、キッチン用品を扱うお店のパトロールは至福の時間。日進月歩で新しいモノがお目見えするので、「なるほどこれがあったか」「これはあの問題に対処し得る！」と心の中でつぶやきながら見て回っています。たとえ購入しなかったとしても、実際に見ておいたからこそ、あとから「そういえば世の中にはこんな道具があるんだよな」と思い返して導入を検討もできる。生活の変化につれ、適した道具も変遷します。「定番」と「新人」のベストチームで、その時々の暮らしをラクに楽しく回すことができたらと考えています。

うちの頼れる相棒たち

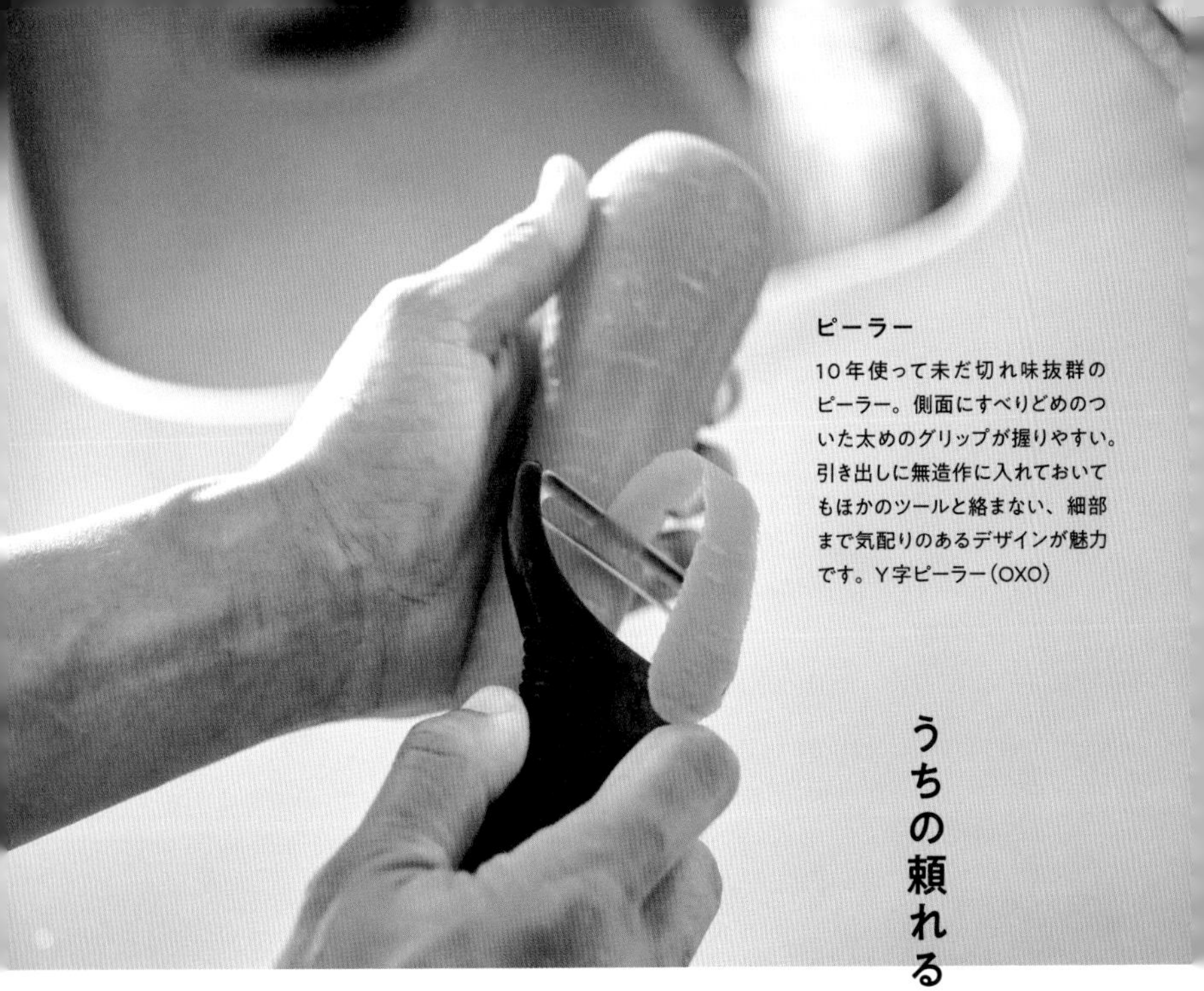

ピーラー

10年使って未だ切れ味抜群のピーラー。側面にすべりどめのついた太めのグリップが握りやすい。引き出しに無造作に入れておいてもほかのツールと絡まない、細部まで気配りのあるデザインが魅力です。Y字ピーラー(OXO)

ステンレス菜箸

丈夫で古びない、ステンレスの菜箸。ずっと竹のものを使っていましたが、食洗機生活になったタイミングで買い替えました。持ち手が六角で持ちやすいです。SELECT100 ステンレス菜箸 33cm(貝印)

調理スプーン

混ぜる、炒める、盛り付ける、取り分けるを一つでこなすオールラウンダー。先端が柔らかいからテフロンを傷つける心配がなく、ゴムベラのようにボウルのなかをすくい取れる、どこをとってもニクイやつ。シリコーン調理スプーン（無印良品）

レードル

これも以前バイトしていたカフェで使っていたもので、扱いやすさから「所帯を持ったらこれだ」と決めていました。継ぎ目がないのできれいに洗えるのもポイント。レードル おたまM（SORI YANAGI）

ツール立て

金物と言えばの燕市にある工房アイザワのツール立て。重みがあって頼もしく、ステンレスの質感が“厨房”な雰囲気で気分が上がります。右に刺さっている柄の長い計量スプーンもアイザワのもの。スタンドストレート18－8キッチンツール（工房アイザワ）

調理台や冷蔵庫、収納のなかで効率よくスペースを使える四角いデザイン。重ねられるので、空間を有効に使えます。コランダー&バット レクタングル フタ付（リッチェル）

コランダー&バットのいいところ

水切りができる

レンジで
蒸し野菜が
簡単

引き出しに重ねてコンパクトに収納

プラスチックの保存容器をすべて手放し、ガラス製のパック&レンジに統一しました（ひとつだけ汁物を直火で温める用に琺瑯）。内容物が一目でわかりやすく、汚れず長持ちするのがよいところ。
PACK & RANGE（iwaki）

ガラスの保存容器のいいところ

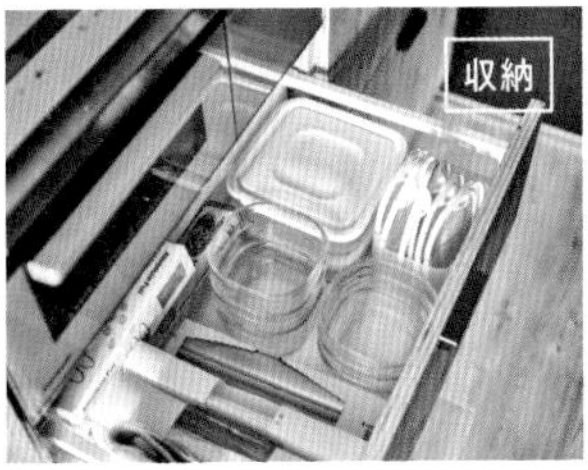

ふたと本体は別々に重ねて、省スペースで取りやすく。

他にもこんないいこと

・乾きやすい
・色、においが移りにくい

本当に助けてくれるモノを見分ける

今、自分史上最大の「家事負担を最小限にしたい」期です。子どもが生まれてやることは大きく増えたのに、そのやることを誰であろう子どもその人がおじゃましてくる期。子どもはもちろん悪くない、だってお母さんが大好きなんですもの、でも。それでもときにつらいよ、休みなく時間を選ばずなんですもの。

だから私は今までにないほどの強さで、モノからの助けを求めています。効率よくコトを進めてくれるモノ、動作にストレスを感じさせないモノ、かゆいところに手が届くような、いやそれどころか「ここがかゆいんでしょ、気づいてないみたいだけど」と語りかけてくるような温かみと配慮に満ちたモノ。そんな助けとなるモノを渇望しているのです。

ホットクックはその代表格。「ここに書いてある通りに入れておいて、あとは作っとくから！」ですって、泣きますよもう。包丁立てだってそうです。「子どもが届かない場所に包丁を置きたい？　じゃあしっかり重くて倒れないようにするし、キッチンバサミも入るようにしておくね。出しっぱなしにするならシンプルがいいし、分解して丸洗いできたら安心でしょ」と語りかけてきました。抱きしめたい。

コランダー&バットもそう。実際のところ、わがやにはボウルもザルもあったので、別にこれがなくても調理はできたのです。だから初めてお店でみたときに、「これ場所とらないじゃん」と惹かれはしましたが購入は踏みとどまりました。同じ役割をするものがあるのに家に入れていては、物量が増えるばかりです。

ただ、そうやって惹かれたのには理由がありました。以前住んでいた賃貸物件のキッチンは狭く、ボウルの大きさが使うにも収めるにもストレスとなっていたのです。二度目にコランダー&バットを見かけたとき、脳内に「カウンターに置きやすい」「狭い調理台でおさまりがいい」と様々なイメージが湧いて、購入を決めました。あまりの助かりっぷりに、後から大きいサイズも追加購入。ボウルとザルは飲食店を営む人に譲りました。

もちろん、ボウルのままでも暮らしは回った。それでも、もっと「完全にどこを取っても味方でしかない」モノがあれば乗り換えを検討したい。「ぼくが助けるよ」と語りかけてくるものには、涙目で「お願い！」と叫びたい。近頃では、本当に助ける気があるのかどうかを見分ける目が養われてきたと感じます。窮すれば通ずとはよく言ったもので、助ける気のない商品が「一見便利っぽいでしょ」「安いから買いたいでしょ」と舌を出しているのが見えるのです。そんなモノには「買いません！」と断言。半端なモノを家に入れる余裕はありません。

この布巾のいいところ

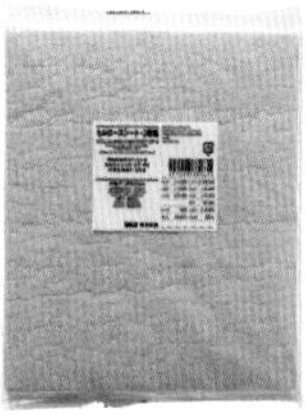

セルロースシート３枚組
約幅17×奥行20㎝（無印良品）

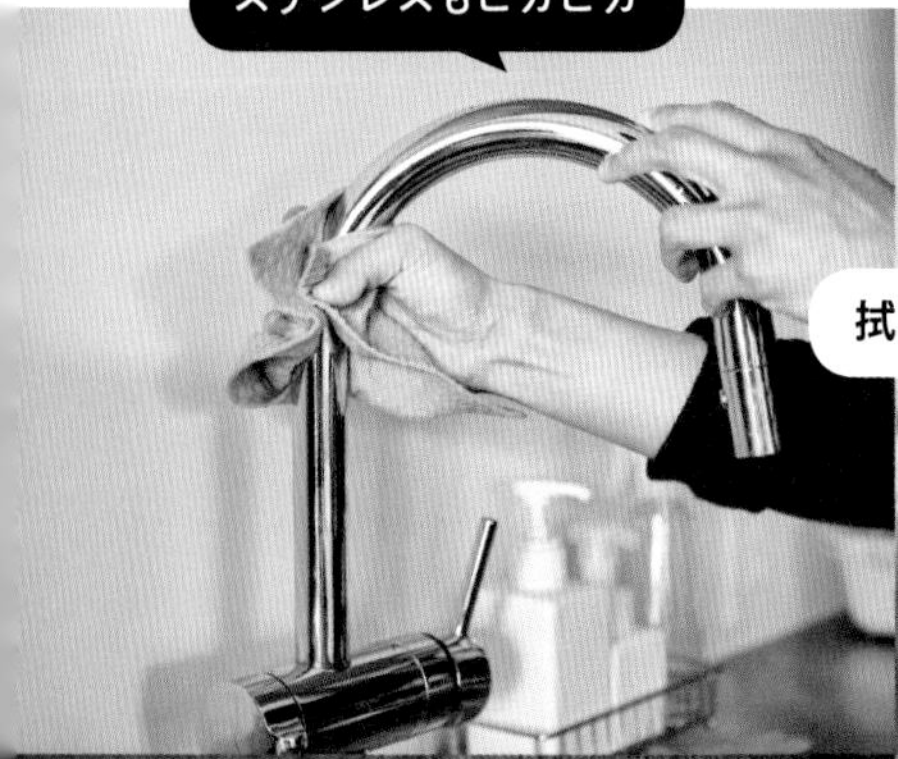
ステンレスもピカピカ

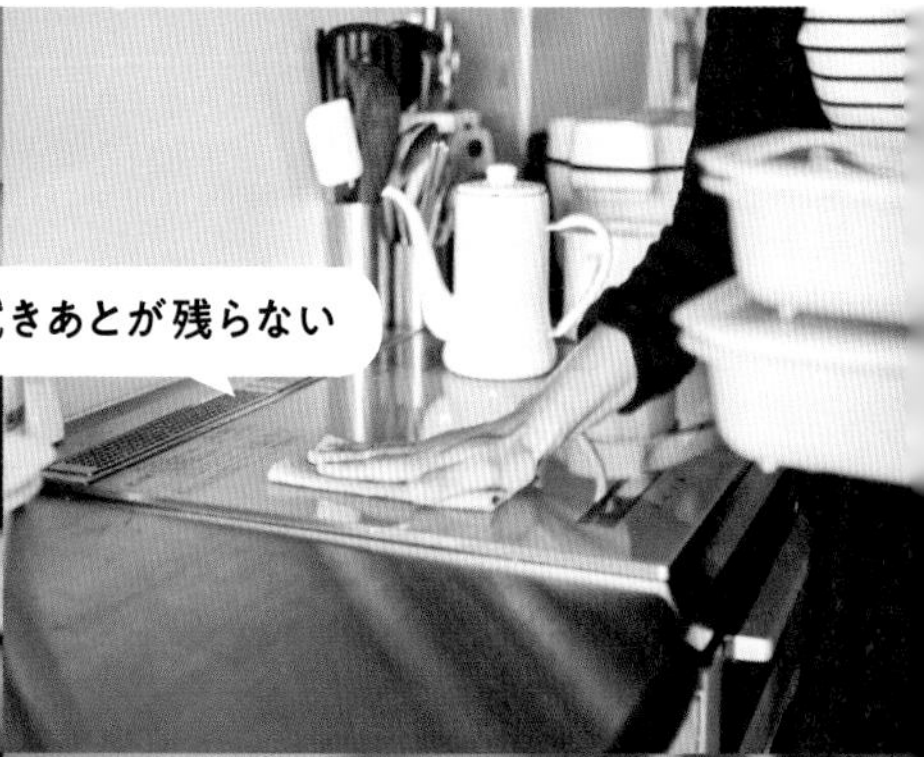

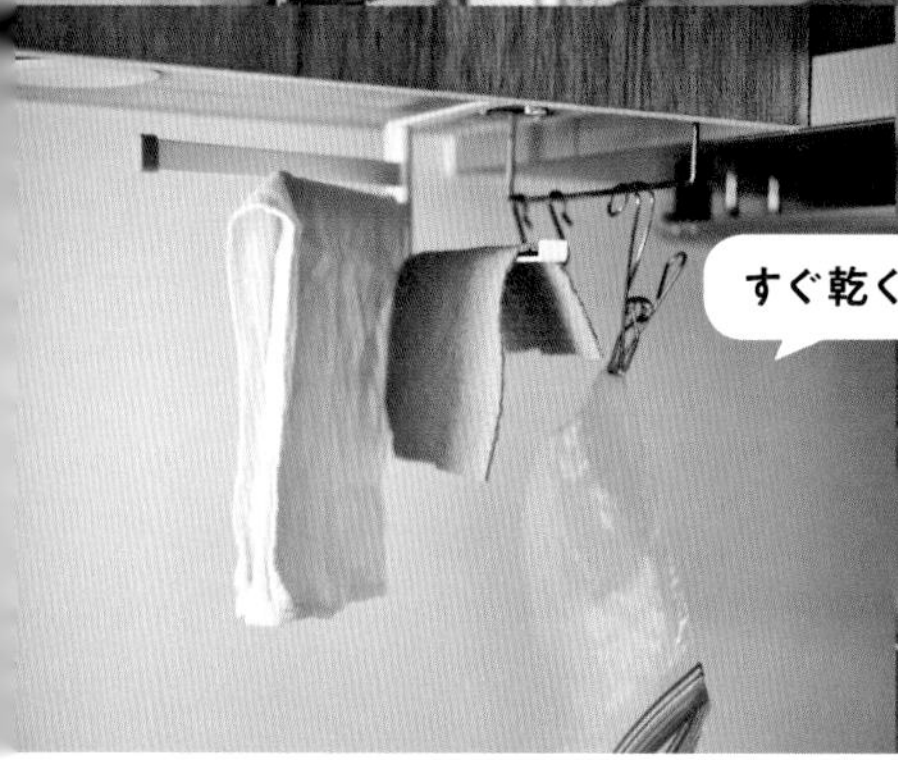

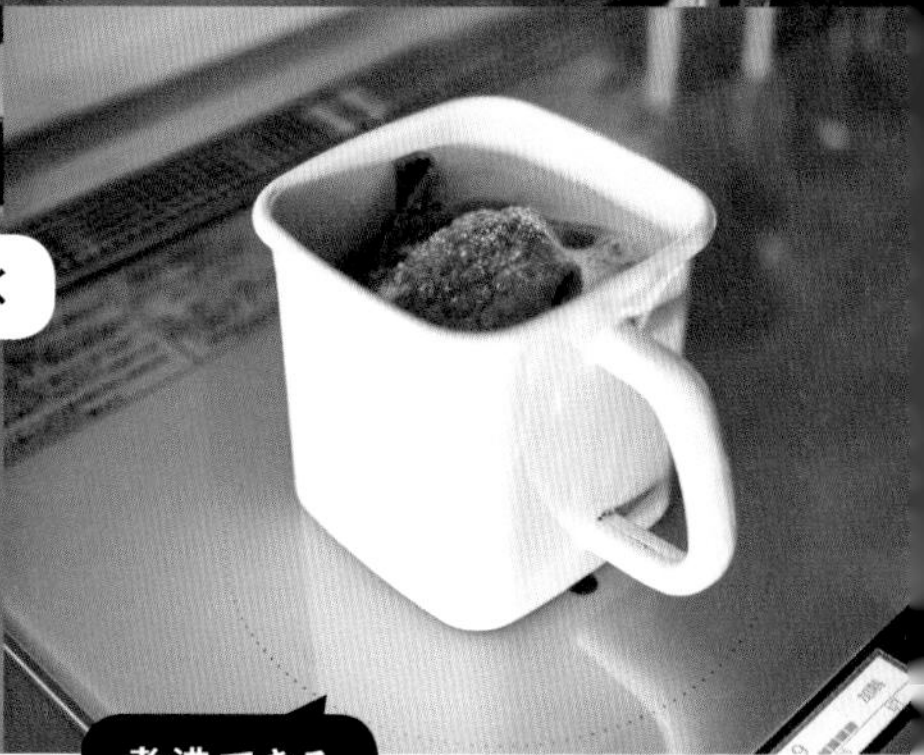
煮沸できる

定番の新旧交代

台ふきんには、長年「落ちワタ混ふきん12枚組（無印良品）」を使っていました。安価で遠慮なくじゃんじゃん使えて、サイズもほどよく乾きやすい。キッチンもテーブルもこれで拭き、くたびれたらウエスとして油汚れに使っていました。10年の相棒であるこの布巾に、「あれ？」と思ったのは、新居でのこと。まだ真新しいステンレスと相性が悪かったのか、どうしても拭き跡が残ってしまいます。新しい環境に合う、新しいモノを探すことになりました。

見つけたのは、やはり無印良品のキッチン消耗品コーナー。台ふきんや水切りによいと書かれた「セルロースシート3枚組」を目にし、試しに使ってみることに。セルロースとは植物性繊維から取れる物質で、吸水性のよさが特長とか。実際に拭いてみると、気持ちがいいほど水が吸われて拭き残しがありません。肉厚なのでしっかりと力を入れることができ、拭いていて気持ちがいい。気持ちのよさから、気づくとなんとなくあたりを拭いている自分がいます。拭くことが苦にならないどころか、むしろ拭きたいと思わせてくれる布巾と出会えました。

キッチン台が長いので、シンク付近に1枚、コンロ付近に1枚をスタンバイさせています。1日使って最後に煮沸できるのもよいところ。毎晩琺瑯に漂白剤を入れて煮ています。

マイクロファイバー ミニハンディモップ

ホコリの溜まりやすい棚板やパソコン周りを、ササっと拭えるハンディモップ。使うその場所その場所に置くことが、ホコリを取る行動を促します。車にも一本置いてあり、ダッシュボード上などをササっと。

掃除用品システム・カーペットクリーナー

子どもにアレルギーの疑いが出てから、寝具のホコリやゴミをこまめに取るため導入しました。ハンディモップともども、ケースに入れて置いた時の存在感の軽さがよい。

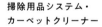

マイクロファイバークロス

綿の雑巾に比べるとメラミンスポンジでこするような頼もしさがあり、拭いていて気持ちがいい。雑巾自体の汚れ落ちもよく、乾きが早い。フローリングワイパーにつけられるものですが、力を入れたいので手で拭いています。

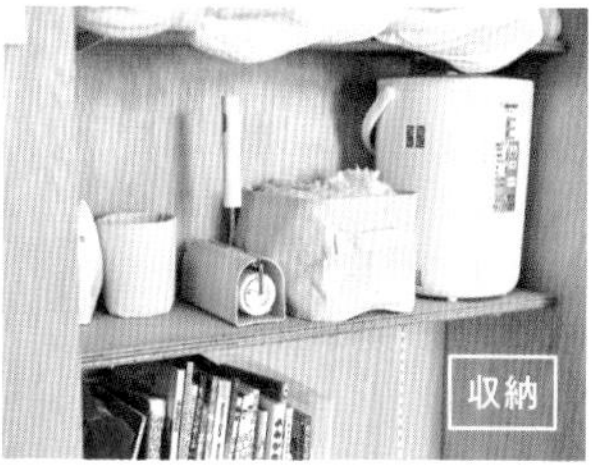

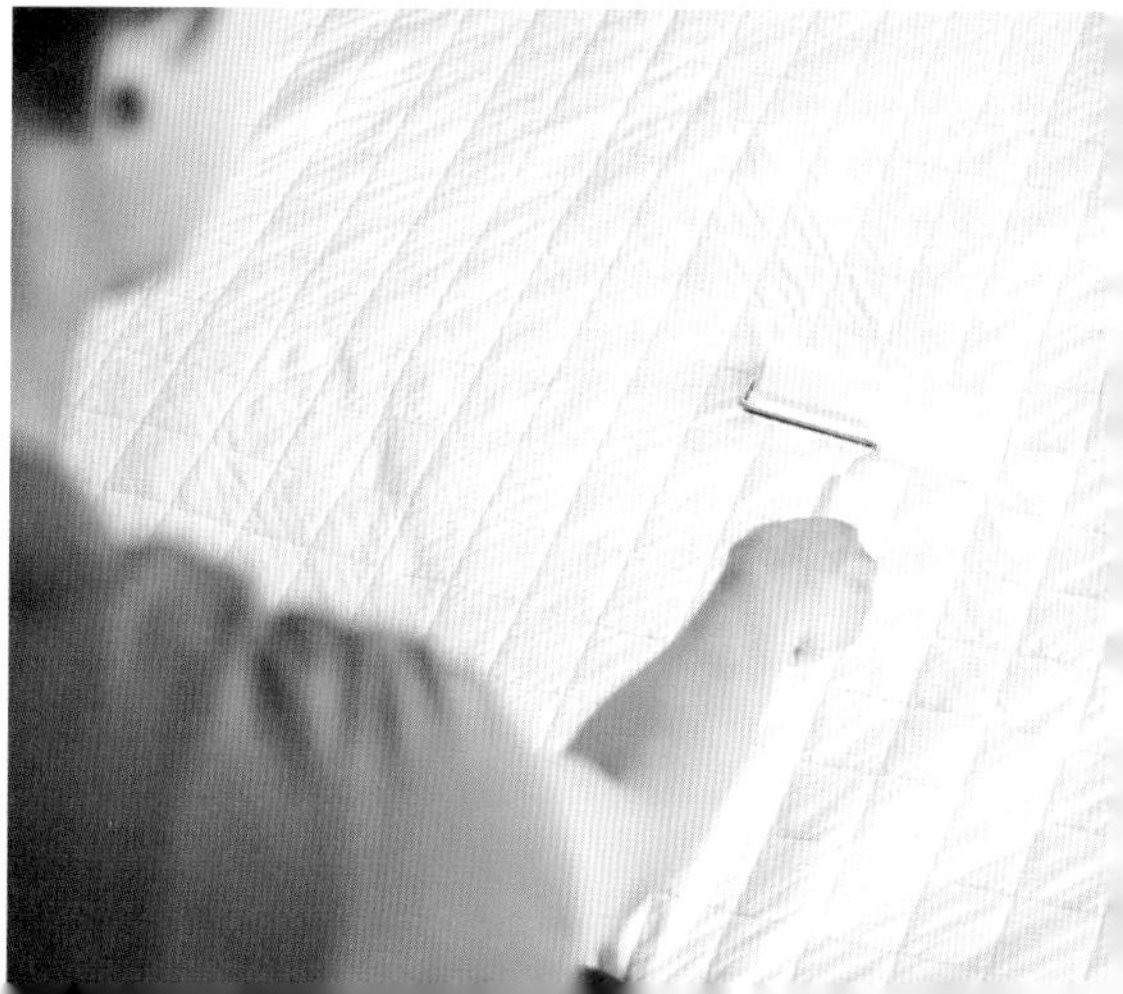

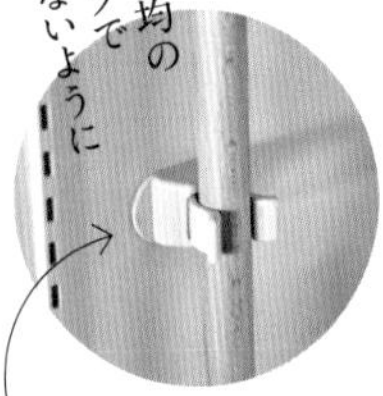

掃除用品システム・フローリングモップ

ポールと先の機能を選んで組み合わせられる「掃除用品システム」。木製ポールにフローリングモップをつけています。すぐかけられるよう出しっぱなしなので、見た目は大切。替えシートも安価でゴミをよく取りお気に入り。モップに付けずに窓のサンなどを拭くときも。

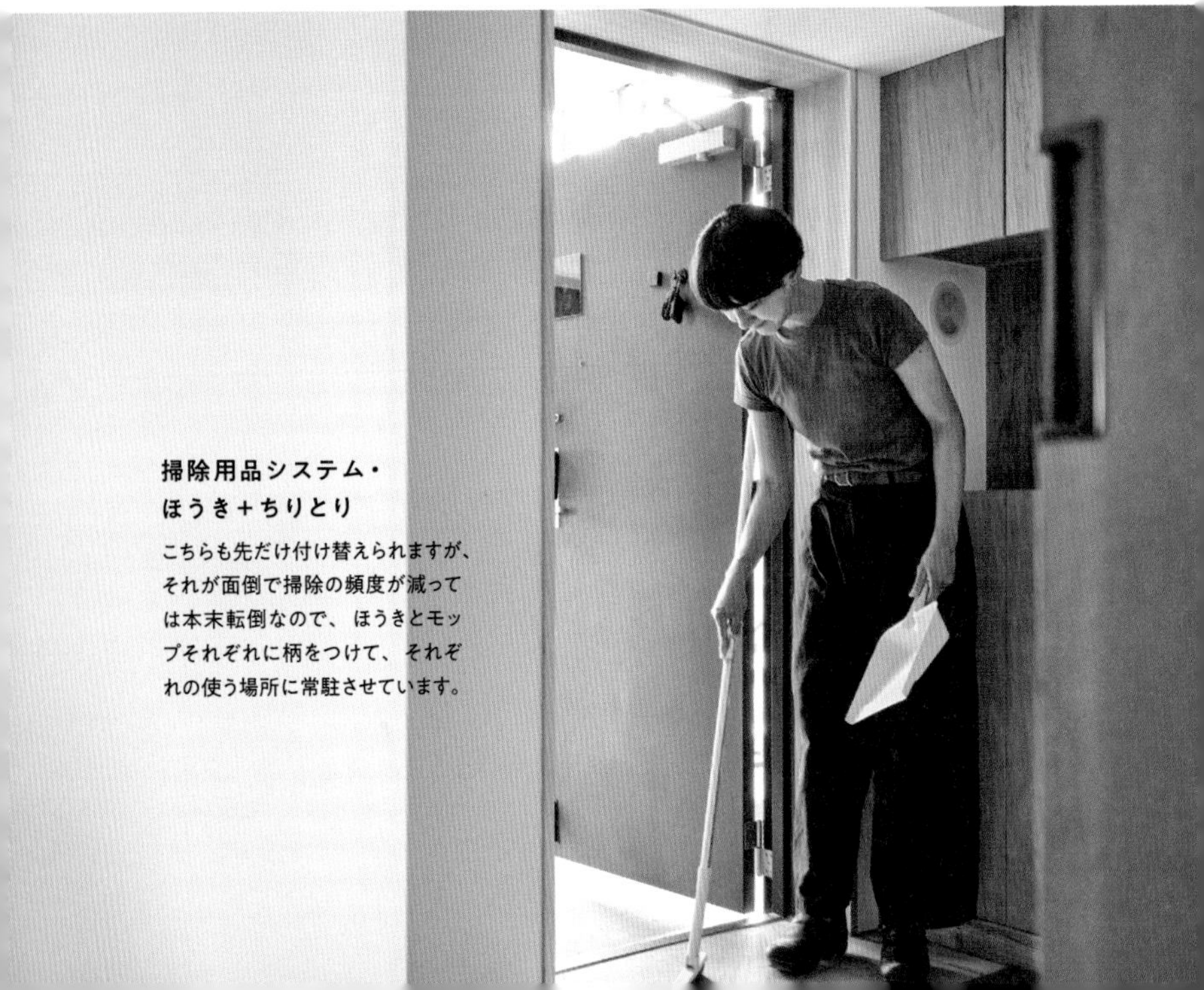

掃除用品システム・ほうき＋ちりとり

こちらも先だけ付け替えられますが、それが面倒で掃除の頻度が減っては本末転倒なので、ほうきとモップそれぞれに柄をつけて、それぞれの使う場所に常駐させています。

掃除道具の選び方

新しい家に引っ越したとして、最初に掃除道具や洗剤を「一通り買っておこう」とするのは危険です。そのなかに使わないモノがあればスペースを食うだけで、ホコリにまみれて「むしろ汚さに貢献」する恐れが。最初は、何も持っていなくていいと思うのです。古タオルと水があればだいたいの汚れは取れるから。

生活しているうちに、「ここはゴシゴシこすりたいな」と思うかもしれません。それを2，3度感じたなら。もしくは「こすれるモノがあれば、あっちでも助かるな」と多様なシーンを思いついたなら。本当に必要なモノの輪郭がはっきりとしてきます。例えばそれは「固めのブラシ」であり、「柄はない」もので、「重曹と」使いたい等々。ここで購入する掃除道具はきっと、その後の生活で大活躍するモノだと思います。

ただ、世の中にはあまりに多くの商品が溢れていて、どれを選べば間違いないのかが難しい。値段の高いモノには慎重な情報収集をしても、生活用品のすべてに調査をかけている時間はありません。それで私が選ぶのが、無印良品です。ちゃんと使えて、好みのシンプルなルックス。「無印良品で探そう」とするだけで大幅な時短が叶い、しかも間違いないのです。感謝。

苦手な家電選びは

さまざまな機能で技術の粋を競う、数々の家電。ランニングコストや環境負荷、値段、さらにはどの店で買うべきかなど考えることがたくさんあって、選ぶのがとても大変です。これまで幾度となく挑戦してきましたが、情報収集の時点でストレスが甚大。なかなか結論を出せないうえに、正しい選択ができたのかどうかもレビューしきれません。これ以上、家電選びであがき苦しむのはいやだと思いました。

最近では、苦しむ前にあっさりと人に頼ることにしています。幸いにも、夫は情報を集合させて最適解を導き出せるタイプの人間。わからないことがあれば納得するまで調べて苦にならない人です。もう、電化製品に関しては深入りせず、夫に任せると心に決めました。もしくは、友だちからの「うちはこれを使っているけどいいよ」という情報をうのみにします。自分の「疲れたくない」という気持ちを優先させて、苦手分野は得意な人にまかせたい。

とはいえ、自分で選ばざるをえない状況もあります。そんなときは、ネットじゅうのすべての情報・口コミを集めなくてもいい、としています。全国から意見を聞かなくても、クチコミは知人から程度で十分。そう切り替えてからは、だいぶ気がラクになりました。

愛用の無印良品洗濯用品

◎アルミ角型ハンガー フレームタイプ・26ピンチ
……洗濯ピンチは10年一途にずっとこれ！ 軽く、丈夫で機能美にあふれ、素晴らしい逸品だなと感じます。補修用パーツや替えピンチが売られているのも高ポイント

◎アルミ直線ハンガー 約幅35㎝・6ピンチ
……「ピンチがあとちょっとだけ足りない」とき、靴下が多いときなど重宝

◎アルミ洗濯用ハンガー・3本組……サイズ違いで子ども用と大人用に

◎両面使える洗濯ネット・丸型

◎ポリカーボネートピンチ　物干し用４個入

洗濯道具には美しくあってほしい

プラスチック製の古いピンチハンガーで、洗濯ばさみがところどころなくて、違う色のものを紐でつけて補っている光景ってありますね。実家あるあるなのか、この話をすると「うちの実家もそうだ」と話す人が多めです。ご多分に漏れずわが実家もそうでしたが、洗濯道具は毎日向き合うもの。しかも外に吊るすという特性上、「社会にさらす」側面を持ちます。洗濯グッズには美しくあってほしいと思うゆえんです。

わがやの洗濯グッズは、気づけばすべてが無印良品のもの。余計なデザインをしない無印良品の姿勢を学生時代から好ましく思っていたため、結婚して家庭を持った際には多くのモノを無印良品で揃えました。それからずっと、洗濯グッズはこれオンリー。子どもが生まれて洗濯物が増えても、ここで買い足せば間違いないとわかっていることに助けられました。

無印グッズで吊るされた洗濯物がベランダで風に揺れている様子は、透明感があり絵になります。見た目だけではなく、「とにかく丈夫」「ピンチが外周のみで絡みづらい」「替えのパーツを売っている」などかゆいところに手の届く配慮がありがたい。1日夜朝2回の洗濯の負担を、間違いなく軽減してくれています。

左より、洗濯ブラシ、ネジリ筆ブラシ（以上インダストリーコーワ）、洗濯板（無印良品）、ウタマロ石けん（東邦）

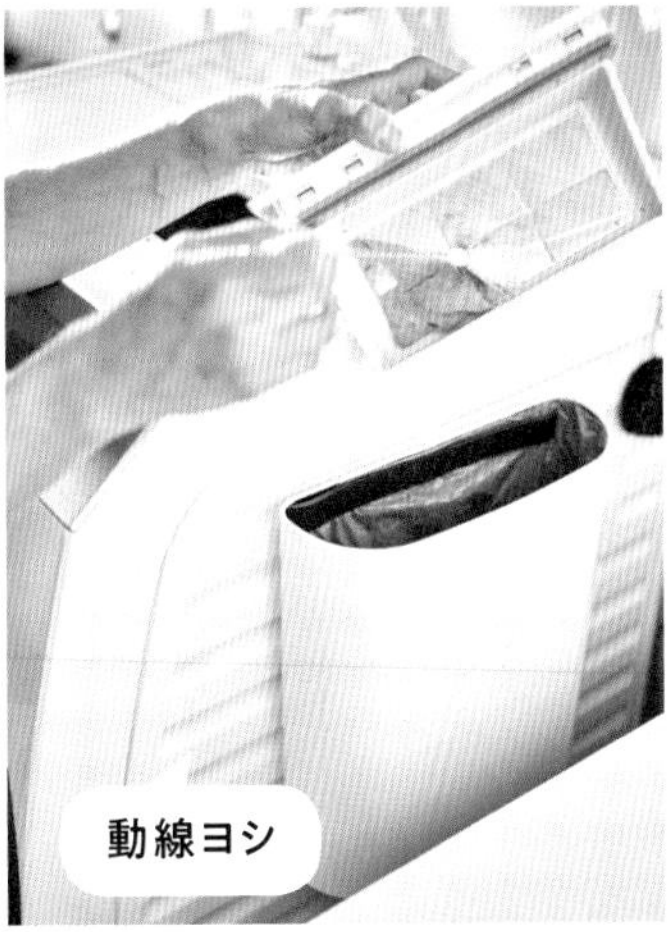

ネジリ筆ブラシは、洗濯乾燥機の乾燥フィルターのほこりおとしに。柄が長いので奥のホコリもかき出せて、細かい溝もきれいになるうってつけの形状。

洗濯ブラシは衣類についた頑固な汚れを落としたいときに。ウタマロ石けんをつけてゴシゴシ。コンパクトで、洗面台に吊るしっぱなしでも気にならない。

部屋干し用に折りたためるスタンドを購入。とても軽いので、部屋間の移動が楽々。スリムで存在感がないながらも、つくりはしっかりしていて、丈夫。主に冬場は寝室に置き、洗濯物で加湿している。ゴムで加工されているのでハンガーがすべりにくいのもありがたい。部屋干しスタンドippin エックススタイル HIGH × SLIM IPP-200（積水樹脂）

布団置き場に
折りたたんで収納。

私がへんたいに育つまで

とある日のこと、ホームセンターでさまざまな形状のブラシがくるくる回るディスプレイを見かけました。催眠術をかけられたかのように、ふらふらと吸い寄せられた私。

「は〜、いろんな形があるんだな」「このブラシは『頑固な汚れは僕にお任せ！』って言ってるな」「こっちは『僕は柄が長いから細かいところに届くよ』だって」――気づけば脳内ブラシ劇場が開幕です。

どいつもこいつも働く気満々でそこにいる。汚れを落とすという役割は同じだけれど、形状や材質による適材適所の頼もしさがたまりません。できればどれかを連れて帰りたい、わがやで必要としているブラシがきっとこの中にいるはずだ……！　ブラシ劇場はいつしかブラシオーディションへとシーン転換していました。

「君はうちにはいらないな、そこまで頑固な汚れはないからな」「君は見た目が可愛いけど、使い勝手に欠けるな」と、ないヒゲをひねりながら一通り審査。結局オーディションを通過したのは、柄の長い魔女のホウキのようなブラシです。洗濯機のフィルター掃除係に採用しました。実際に使ってみると見込み通りにホコリを取りやすく、柄が長いのでフィルター取り付け部の奥まで届く優れもの。使うたびに嬉しい気持ちがこみ上げていきます。

途中経過が少々変態だったかとは思いますが、こんな私でも昔はモノに頓着しない普通の人間でした。茶碗がほしいなと思えば、安売りスーパーで適当にみつくろっていたものです。友人夫婦が「器のお店に行きたい」と言ったときなど、「器を見たいって、それどういう感情?」と返すほどに。

しかしその友人が、私のモノ選びの師匠となっていきました。彼らの影響によりいい茶碗を買ってみたところ、「ごはんがこんなに美味しそうになるなんて。食事がこんなに嬉しいものになるなんて」と生活自体が変わる体験をしたのです。せっかく何か新しいモノが必要となった機会に、間に合わせで適当に選ぶなんてもったいないと思うようになりました。それは生活の中で、幸せと感じる回数を減らしてしまうのと同義だからです。

茶碗に始まり、生活の道具類、家具、衣類など身の回りのモノを少しずつ「ちゃんと選んだモノ」にしていった結果、心が満たされて無駄な買い物欲がなくなりました。満たされているので数もいらなくなり、少量でスッキリ暮らせるようになっていきました。生活に「悦び」「ラク」がどんどん入ってきて、「無関心」「やっかい」が抜けていきました。きっかけをくれた友人には、どれだけお礼を言っても言い足りません。

背伸び買いしたモノはじわじわ良くなる

自分の年齢や収入をかんがみると、「分不相応かしら？……でも！」と買った「背伸び買いアイテム」というのが私にはあります。

例えば20代後半〜母になる31歳まで虜になっていたARTS&SCIENCEで買った洋服。上質なリネンでできた袖がふんわりとしたブラウスに、シンプルだけれどラインがきれいで上品なコート。母ちゃん生活になった途端に着用機会は落ちましたが、それでも久しぶりに袖を通すと気分が上向くし、人前に出るお仕事のような「いざ」というときには「これがあって良かった〜」と助けてもらっています。

同じくARTSのハンカチ4枚は、本が出版されるたび夫が記念に買ってくれたもの。「5000円以上するハンカチなんて！」と最初はおっかなびっくりでした。でも1000円のTシャツを着て子どもと砂遊びをしたあと、手を洗ったとき取り出すのがアイロンがけした上質生地のハンカチだと、それだけでちょっと嬉しい気分。次男の鼻水をこのハンカチで拭ったときも、何とも言えない悦を感じました。

日用雑貨の背伸び買いは、28歳のときお仕事で行った京都で買った辻和金網の丸形水切りかごと、開化堂の茶筒です。丸形水切りかごはなかなか乾ききらない水筒を立てておくのに。取っ手のついた茶筒は200g入るので、今はコーヒー豆の保存に愛用しています。職人さんの手仕事によって生み出されたモノには、時を経るごとにその素晴らしさを更新していく喜びがあると感じます。

当時は背伸びでも「えいっ！」と買い求めた質がよく、美しいモノたち。年齢を重ねるたび「あのときこれを買った私、えらい！ありがとう！」と感謝します。だから背伸び買いはやめられません……。

column 2

三章、朝時間をうれしくしてくれるモノ

私にとって朝は、「家族のよき時間」。
そこに登場するのは、
忙しい時間帯の助けとなりながら、
「いい朝」を彩ってくれるモノたちです。

☀ 朝食に欠かせないセット ☀

小岩井 生乳100% ヨーグルト（小岩井乳業）
蜂蜜 花の露 キッチンボトル（武州養蜂園）
玄米フレーク（ケロッグ）
素のままミックスナッツ340g（無印良品）
ドライフルーツミックス480g（無印良品）

朝ごはんプレイ

料理はきらいですが、朝ごはんの支度は好きです。料理というより「決まったものの用意」だからでしょう。朝の自分は元気がいい、ということも一因かと思います。低血圧で朝はアンニュイな女性に憧れもしますが、一日のうちで一番ハイなんだから仕方ない。朝のひかりには希望を感じます。今日も無事にお天道さまを拝めたなあ、という喜びがあるのです。

そして実は、朝ごはんって特別感のあるものだと思うのです。ランチやディナーは友人や職場の人と食べることも多いけれど、朝ごはんは家族、もしくはそれ同等の親密な人としかとりません。朝にこそ「団らん」を感じます。以前日テレでやっていた「生田家の朝」というミニドラマはよかったなあ。憧れの朝そのものです。

家での普段の朝ごはんだけではなく、旅館の朝ごはんや喫茶店のモーニング、おいしいパン屋さんのブランチなんかも心が躍ります。朝ごはんは、日常にウキウキのエッセンスをもたらす1日1回の貴重な時間です。

自分も憧れの朝を演出したい。そんなちょっとしたイベント気分で、ワクワクしながら朝ごはんを用意しています。子どもたちにサンドウィッチを作るのは夫で、私はヨーグルトにあれこれ入れて「健康的で素敵に美味しい一杯」を作るディレクター。土日ともなるとはりきりに拍車がかかり、ホットケーキを焼いたり、夫婦で焼きそばブランチを作ってみたりしています。

こうした〝憧れるシーンを演出〟はもはやプレイ。プレイは日常のなかのほかのシーンでも折々繰り広げています。例えば、寝かしつけ前の片づけは「そのあとの大人の極楽タイムを最高のものにするプレイ」の一環。キャンプでテントまわりをきれいかつ便利に整えるのは、「家族の素敵な休日プレイ」のため。先日は、夕飯前に子どもがお腹を空かせて機嫌を損ねてしまったので、キッチンで立ったままパンを渡して済ませたことがありました。毎日これでは困るけど、たまのことなら問題もありません。適当にやると「あーあ、こんな夕飯で……」と残念な後味が残りますが、そこはちゃんと演出を加えました。パンはハサミで小さく切って、バターを塗ってこんがりカリッと焼いてから手渡し。子どもは大喜びです。「美味しいし楽しいしラクだし、たまにはそんな夕飯もいいよねプレイ」の完成です。

プレイには、演出が必須。私のなかのディレクターは、そこに必要なのはどんなモノか、そのモノたちがどう配備されているか、どんな機会にカチンコを鳴らすのかと、ワクワクしながら見計らっています。

ヨーグルトスプーン

普段「〇〇専用」というツールは買わないのですが、いただいたので使ってみたら、いい！ 容器にぴったり沿い、ヨーグルトを毎日気持ちよく掻き出せます。おかずを取る時にも使えて何かと便利。残さずすくえるヨーグルトスプーン 大（マーナ）

ナイフ

これ一本でバターを塗ったり、フルーツやパンを切ったり、と朝に万能な働き。バターナイフながら刃が薄く、切りやすく塗りやすい。見た目がとても好みなのも、気分を上げてくれます。バターナイフ（東屋）

「プロが淹れる味と香り」を目指してつくられたというコーヒーメーカー。これがわが家に来てから、忙しいときでも毎朝おいしいコーヒーが飲めるようになりました。まとめてつくって保温ポットに入れておけば、いつでも温かいコーヒーが飲めます。とくに来客時に活躍。豆から挽けるコーヒーメーカー（無印良品）、ステンレス卓上ポット 黒陶（サーモス）

コレ、おいしいんです

家族中みんなこれが好きで本多家の定番。
コーヒー好きの母も「これが一番おいしい」と
太鼓判。大地のブレンド（常盤珈琲焙煎所）
＊写真は2020年3月時のパッケージです

丈夫で割れず、子どもの毎日の朝食に最適なカタチ。食器は食洗機で洗えることが、朝は特に助かります。ALFRESCO プレート 190㎜（KINTO）、こども食器／ステンレススプーン／フォーク（無印良品）、アルミトレイ（yumiko iihoshi porcelain）

朝食にぴったりの皿とトレイ

次男の離乳も終わって、それまで都度違っていた朝食の形が定まりました。前述したように、子どもたちにはサンドイッチをつくります。のるものが決まっているので、子どもの朝食の器はサンドイッチをのせる平らな皿があればよい。いつかぴったりの皿を見つけたいと思っていたある日、家族で訪れたイオンでＫＩＮＴＯの器を見つけました。「コーヒーツールだけでなく食器も出しているんだ」と興味深く物色していると、サンドイッチにぴったりなうえ、メラミンでできていて割れずに食洗機にも入れられる平皿が。デザインがおしゃれで、重ねやすく、アウトドアでも使えそうです。「これは朝ごはんプレイにいい！」と購入を即決しました。

トレイは、新宿伊勢丹のパトロール中に発見したyumiko iihoshi porcelainのもの。子どもにほどよいサイズで、給食を思わせるレトロなかわいらしさと洗練された表情を持っています。このトレイのおかげで、牛乳をこぼされても被害が最小限に。長男が辺りの食器をトレイにまとめて運んでくれることもあり、持ち手をつかむ小さな手がなんとも言えない味わいです。

カトラリーは、ぽってりとかわいくて食べやすそうな無印良品のもの。食器もメニューも「朝はこれ」と決まっていることが、忙しい時間でも朝食を楽しむための助けとなっています。

照井知里さん

コフちゃん（照井さんのこと）は古くからの親友。人の得意なところを褒めるのが上手な彼女は、私に整理収納を生業とすることを気づかせてくれた人。お互い母になった今は、数ヵ月に一度新宿で落ち合い、「私たちよくやってる会」を開催。伊勢丹やニュウマンで一緒にモノを見て回り、「これ、いいね」を共有しています。

照井知里
アパレル会社のオンライン部門勤務。夫、娘（4歳）と3人暮らし。買い物が好きで収納や片付けは不得意。「入れ物が素敵ならば空間もそれなりに見えるはずと考えた結果、増えてしまったカゴや箱の用途を本多さんに相談する日々です」。

流行ではなく、自分軸

コフ　以前の職場の同僚同士だったんだよね。ある日さおりんが「プラザに寄るけど一緒に行く人〜」ってみんなを誘ったのがおもしろかった。

本多　ついてきてくれたのコフちゃんだけだったね。

コフ　行くでしょ。何買うのって聞いたら「肩の落ちないハンガーを探す」って。

本多　当然みんなプラザに興味あるって思ったのに（笑）。コフちゃんは「ファオタ（ファッションオタク）」だけど流行に敏感というタイプではなくて、自分軸の「かわいい」「バランスがいい」「自分に似合う」を持ったセンスの高い人だと思う。

コフ　夫から「ファの人」なんて言われてますよ。今の職場を選んだのは、ファッションに旬をつけず、流行りを追わず、セールをせずという姿勢に惹かれたこともあって。

本多　服を一緒に見ている時コフちゃんが言った、「持っていて不幸にならない服」は名言だったな。何が本当にオシャレか知っている人だと思う。

只今リピート中

無茶々園のひじき

オーガニックの食料品店で何気なく手に取った「無茶々園」のひじき。香りがよく、太くて弾力があり驚きのおいしさ。ひじきにこんなに差があるとは！ 煮物やパスタの具に。

何年経っても愛用できるモノ

本多　モノを選ぶとき、どんなことを大事にしていますか？

コフ　一番に考えるのは、「長く愛用できるか？」ということ。そのためには素材や機能、色やデザインがシンプルであることだと思ってます。ベーシックで、普遍的なモノ。そして出会った瞬間に「これはいい！」「これを買わずにいられる⁉」と興奮するようなモノは、直感的に買ってしまうし、何年経っても愛用できている。たいていは手仕事のよさや技術、素材の力を感じられるものです。

本多　コフちゃんのモノ選びのなかでも、とくにファブリック

ずっと愛用しているモノ

100円ショップのお玉

夫が独身時代に買った100均のお玉。見た目はアレですが、その後に買った名のあるお玉より軽く、浅く、汁物をすくいやすい。柄が平たいので入れたまま鍋のフタをしめられます。

ずっと愛用しているモノ

アレクサンドル ドゥ パリのヘアクリップ

「アレクサンドル ドゥ パリ」のヘアクリップは、クセ毛で毛量の多い髪質をきれいにまとめてくれます。バネの修理ができて、長年愛用。ヘアゴムとブラシは「マペペ」、耳かきは「高野木工」。どれも「これがいい!」の定番品です。

をいろいろな角度と奥行きで見つめる姿勢に影響を受けたなあ。

コフ　布ものばかりに目が向いて、ほかの買わなきゃいけないモノが後回しになってるよ。くったりとした肌心地のいい麻素材のアイテムに弱くて、厚みやツヤがどんぴしゃだと抗えません。

本多　モノに対するお金の使い方も勉強になるんだよな。コフちゃんに出会う前だったら、「ヘアクリップに1万円!?」とおかん的な反応をしていたと思う。けれども、このアレクサンドルのクリップだから漂う品のよさとか、スタイルになじんでコフちゃんらしさを形作る重要アイテムになっているのがわかる。それこそ、不幸にならない買い物だなと納得してしまう。

コフ　高価だけど丈夫でずっと使えるし、バネの修理もしてくれるから長く使えるよ。

本多　素晴らしい買い物だね。これからもモノ選びのお手本にさせていただきます。

ドラッグストアって楽しい！

ドラッグストアが好きです。生活を支える日用品がずらり並んで、どんなモノを買うにもだいたい2択以上の中から「選べる」楽しさがあり、どれも手頃な価格で買えることも魅力です。

学生時代はドラッグストアでアルバイトしていました。次々入荷する新商品を陳列したり、品薄になった棚をチェックして品出ししたりするのが楽しくて、4年ほど続けました。

子どもが生まれるとドラッグストアは主に「オムツを買うところ」となり、頻繁に訪れてもゆっくり滞在する機会は減ってしまいましたが、先日久しぶりのドラッグストア探訪が叶ったのです。

それは朝10時の待ち合わせ時間までに少し時間ができたから（比較的朝早くからオープンしているところが多いのも、ドラッグストアの魅力のひとつ）。あてもなく自由気ままに好きな棚をゆっくり眺めて回るのは、本当に久しぶりでした。とくに最近縁がなかったコスメ売り場の新鮮さったら！　年々モチベーションが下降するばかりのお化粧事情に、新風を吹かせたくなってきた私は、珍しいタイプのチークを手に取りました。それは繰り出し式の練りチーク（「フジコチョークチーク」）。ハイライトも一体になっていてひと塗りで3色のグラデーションができる仕組みです。「血色もよくなるうえにツヤまで与えてくれるなんて！　しかもひと塗りで？」と心の中で盛り上がり、お買い上げ。他にも柔軟剤売り場で香りを片っ端から試したり、掃除用品の進化に触れたりと、売り場ごとにいろいろなモノを愛でる時間に心満たされました。満喫しすぎてつい長居してしまい、待ち合わせ場所には走っていく始末でしたが、ドラッグストアは日常のワンダーランドだから仕方ありません。

column 3

四章、人にも勧めたいマイ定番なモノ

あれこれ試した末にたどりついた
「これぞ」の消耗品たち。
ちょっとしたモノではあるけれど、
だからこそ日々に連なる
ちょっとしたシーンで
「ラク」や「悦」をもたらしてくれます。

いつまで洗い流せば成分が取れるのかわからないような洗い心地のシャンプーは苦手で、さっぱりつるんと流せるこちらをリピートしています。人工的ではなく、自然なハーブの香りが心地いい。体用の石鹸は気分で香りを変えたいので、つねに2つストックしています。「ローズマリー／炭」「ユーカリ／茶」、夏は「限定ミント／塩」がお気に入り。ハーバルアミノシャンプー ウェイクアップ、ハンドメイドボタニカルソープ ユーカリ／茶、限定ベルガモット／ペパーミント＊限定品は通年販売ではございません。(MARKS&WEB)

サラヤ好きとして試してみたハンドソープ。泡がきめ細かく、ハーブの香りが心地よく、すっかり定番に。手をかざせば自動で泡の出るディスペンサーのおかげで、子どもが自分で手洗いの一連をできるように。親子ともどもラクになりました。ウォシュボン ハーバル薬用ハンドソープ（サラヤ）、エレフォームポット（サラヤ）

わかりやすくて安心な石鹸が好き

洗剤やシャンプーなど、肌に影響のあるものを選ぶときは「何でできているのかな？」を気にします。とくに敏感肌というわけではないけれど、子どもが生まれて肌が強くはなかったことからその思いはより増しました。

だからお店で商品を見たときに、原材料として聞いたこともないようなカタカナがぎっしり10行も書いてあったりすると「あかん」と思うわけです。それが肌にいいのか悪いのか、どんな効果を持つのか、買うべきか買わざるべきか、全然わからない。その表示は、化学にうとい一般人が「こういう成分なら買いたいな」という基準を持つには難解すぎます。

若いときには「世にこれだけ出回っているのだから正解のモノなんだろうな」と、さして違和感なく難解な表示の合成洗剤を使っていたのですが、最近では「洗うのにそんなに複雑なこと必要？」と思うようになってきました。

一方で、石鹸がベースのものはなんといってもわかりやすい。書いてあるのは「純石鹸」となんらか数点。そこからは、「石鹸だから油汚れに強いですよ」という情報がシンプルに伝わってきます。思えば、体にも服にも家の汚れにも、石鹸はどこでも対応します。ときには、科学技術の粋を集めたであろう合成洗剤よりも、するりと汚れを落としてくれます。「なんだ、石鹸でいいんじゃないか」と感じる瞬間です。同時に、毎日使って水に放っていくものでもあるから、環境負荷の少ない洗剤を選びたいという思いも。

合成洗剤の香りが苦手であることも、石鹸好きに拍車をかけています。人工的につくられた香りには不快感があって、石鹸のなかでもほのかで自然な香り、もしくは無臭なものを選んでいます。とにかく不自然なモノが肌につかないこと、不自然ではないことをシンプルに伝えてもらえることが、今の私にとっての〝肌心地がいい〟につながっています。

「石鹸」「シンプル」「無添加」「自然な香り」「環境への配慮」と並べた結果、「このメーカーなら安心を感じられる」にたどり着いたのがサラヤです。このメーカーのモノを使ってみようと思ったきっかけは、テレビで見た特集でした。サラヤがボルネオの環境保全に取り組みながら持続可能な材料調達をしていること、実際に社員が現地に赴いて環境を守っている姿などを見て感銘を受けました。商品パッケージを見ればわかりやすく安心な材料でつくられていて、実際に洗濯洗剤を使ってみたら汚れ落ちがよく、さっぱりと無臭でリピート決定です。「ハッピーエレファント」というラインは他商品より値が張るので、安売りしてくれるスーパーを発見し、そこで買うようにしています。日用品は買い続けられる値段であってほしい点でも、とても助けられています。

肌当たりのやさしいパシーマでつくられたクッションカバー。デザイン性が加わっていて、発見したときは喜びに震えました。UKIHA クッションケース（YARN HOME）

使うたびに愛着がわくもの

肌に長い時間触れるものには、気持ちよさを追求したいという思いが強まっています。肌触りのよさでモノを選ぶことは、日々の幸せ度を大きく上げてくれるからです。

それを実感したのは、「パシーマ」という脱脂綿由来の生地に出会ってから。少しずつ買い揃えていき、今やシーツや肌掛けはすべてこれ。洗うほどに柔らかくなり気持ちよさを増していくので、長男は齢《よわい》4年にして新しいものは弟に押し付け、より古く柔らかいモノを抱きしめて「パシーマソムリエ」の様相を呈しています。

パシーマは安価ではなく、よりお手頃な価格で手に入るシーツは世間にいくらでも存在します。それだって、布団の清潔を守るという仕事は十分に果たすでしょう。ただ、毎晩寝るたびに「気持ちがいいな」と感じられる世界があるのだとすれば、そちらにいたい。長持ちどころか経年でよくなっていくパシーマの価値は、最初に払った値段を補ってあまりあります。

数年前、百貨店の期間限定ショップで、パシーマを用いてファブリックをつくっている「YARN HOME」というブランドに出会いました。そこで購入した布巾とクッションカバーの気持ちいいこと……！　これからさらに育っていくことを思うと、楽しみでなりません。

磨き心地のよい無印良品の歯ブラシ。余計な装飾がなく、佇まいに品を感じます。歯磨き粉は、刺激抑えめでちょうどよい。ピリピリするほどの刺激は不自然に感じます。コップは、持ち手を下にして立てたりバーに吊るしたりすると、中の水を切れるデザイン。歯みがき120g、歯ブラシ グレー（以上無印良品）、コップ　プリスペイス タンブラー／ホワイト（PLYS）

シャンプーのあとコンディショナーはつけず、ドライヤーをかける前にN.のヘアミルクをつけています。べたつかずまとまりよく、ショートカットの私になくてはならない必需品。ワックスはオーガニックで、手に付いた分はハンドクリームとしてすりこみます。
N. SHEAミルク（napla N.）、ザ・プロダクト ヘアワックス42g（product）

天然の植物油が主原料のベビー用ボディソープとボディクリーム。ポンプ式で出しやすく、子どものケアに最適。クリームは伸びがよくてべたつかず、しっかり保湿してくれるのでずっとリピートしています。パックスベビー全身シャンプー、パックスベビーボディクリーム（ポンプタイプ）（PAX BABY）

どんなシチュエーションでも活躍するシンプルさと、ぬくもりを感じるデザイン。扱いやすく日常に適した丈夫な材質。いつまでも飽きさせることなく食卓を引き立ててくれる、「これさえあれば」の定番たち。ステンレススプーン大、小、ステンレスフォーク大、小（以上無印良品）、柏木千繪さんの食器たち。

「これさえあれば」な食卓の定番

結婚して最初にそろえた食器は、無印良品の磁器でした。シンプルがゆえに料理を選ばず、最低限の必要枚数を一気にそろえられる価格帯。メインのデザインは廃盤にならないので、割れたときに買い足せるのも大きな魅力でした。避けたかったのは、徐々に割れて食卓の取り皿がバラバラになっていく〝間に合わせ感常態化現象〟。カトラリーも無印良品で揃え、10年が経つ今でも問題なく使い続けています。丈夫で、余計なデザインが一切ない、まさに「これでいい」かつ「これがいい」のクオリティ。

モノ選びの師匠から作家ものの陶器のよさを教わってからは、少しずつ無印磁器が作家陶器に置き換わっていきました。無印で「わがやに必要なのは大皿○枚、小皿○枚、深皿○枚」と明確になっていたことが、ギャラリーなどで何を買うべきか考える際の助けとなりました。惚れ込んだ器が食卓に並ぶよろこびは、格別のものです。

ところが、子どもが生まれて時間と心に余裕がなくなると、不思議なほど次々とそれらの陶器が割れていきました。慎重に扱う余裕がなくなっていたのでしょう。大好きな作品が割れるがっかり感といったら！　ついには「もう私に器を愛でる資格などないのだ」と、すっかりやさぐれてしまいました。

そんなときに出会ったのが、柏木千繪さんの白磁です。高瀬さん（92ページ参照）に勧められ、そのシンプルな美しさ、風合いがありながら機能が追求されているさまに心を惹かれました。しかも磁器なので、陶器ほど気を遣わずに扱える丈夫さがあります。安価ではありませんが、「これさえあればいい」な食器は、その働きを考えると決して無駄な出費とはなりません。適当な食器をたくさん持って、使われずスペースをただ占領しているモノがある状態より、ずっとコスト安だと思います。人気のある柏木さんの器を手に入れるのは一苦労ですが、3〜4年をかけて少しずつ揃えていきました。今もほしいと願っている器があるので、近くある展示会でたくさんのライバルに負けず買うことができるかドキドキしています。

柏木さんの器は食卓の質を上げてくれながら、丈夫なために子どものおやつにも逡巡なく使えます。プラスチックのお椀を子どもに買う必要がなく、おやつの佇まいさえ素敵に見せてくれる。やさぐれていた器ゴコロに、ふたたびときめきを灯してくれたのでした。

ずっと愛用文房具

書き味抜群

スルスル流れるような書き心地と、しっかりと濃く出る書き味がやみつきで、ボールペンといえばコレ! な存在に。夫も同意見で、「とくに0.7㎜がいいよね」「わかってるな君」等盛り上がりました。保育園の連絡帳もこれで書かないと気分が上がらない。

ジェットストリーム（三菱鉛筆uni）

封筒の糊付けなど、はみ出さずにスッと塗れるのがよい。ペンのようなデザインなので、ほかの筆記用具類と同じようにペン立てに入れたり、引き出しに入れたりと「それ専用」の空間をつくる必要がない。スティックのり「消えいろPit ほそみ」（トンボ）

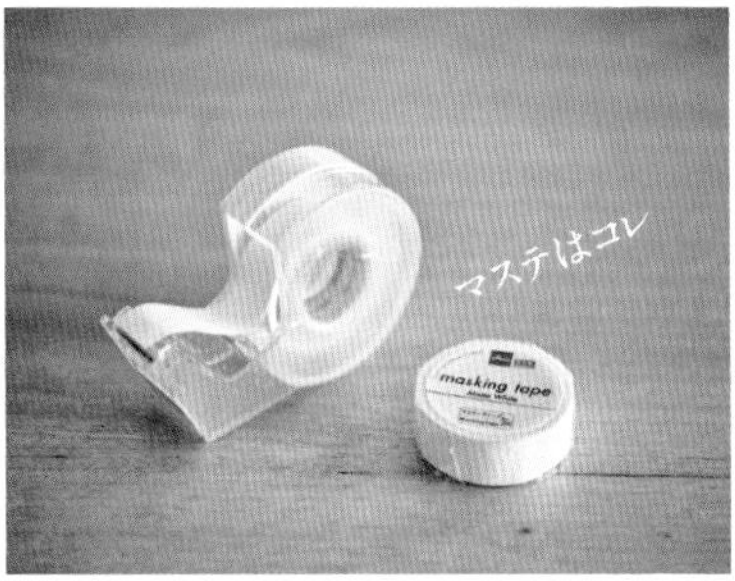

ほどよい厚みで下が透けない白のマステ。持っているテプラのテープは透明なので、場所によってはこのマステの上にテプラを貼ります。気軽についで買いできるダイソーで発見できたのは幸運。小さいセロハンテープ用のテープカッター（コクヨ）に入れています。
masking tape Matte White（ダイソー）

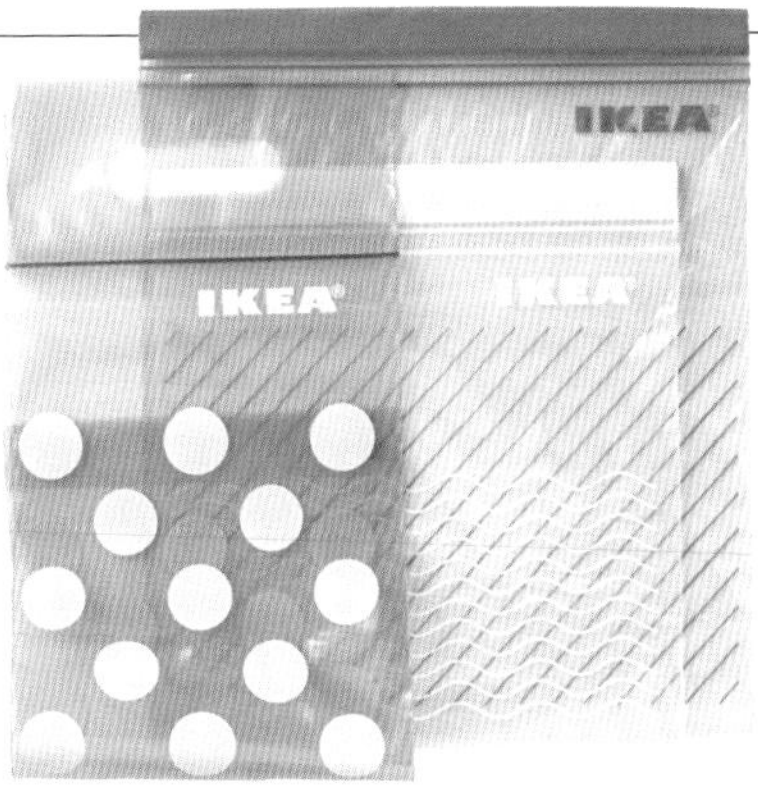

ひと箱に2サイズ入っていて、いずれも使いやすい。デザインがよく、丈夫で、低価格大容量と言うことなし！ 1〜2カ月に1度行くIKEA参りの頻度と買い足しのタイミングも合うので、うちはコレと決めています。フリーザーバッグ（IKEA）

ずっと愛用 生活日用品

汚れ落ちも水切れもよい無膜スポンジ。白なら清潔を保ちやすい。あれこれ試しましたが、安価で取り換えやすいセリアのものに落ち着きました。月に2回ほど取り替え、捨てる前に4つに切って排水口などこすります。水キレの良いキッチンスポンジ（セリア）

何度か浮気しても、絶対ここへ戻ってきたお風呂用スポンジのマイ定番。スポンジの硬さ、形が絶妙で洗いやすい。ひっかけられる形状で吊るして乾きやすく清潔を保ちやすい。スコッチブライト バスシャイン（3M）

小さなゴミも逃さない目の細かさでありながら、水はけはよいという機能性の高さ。同類の商品よりコスト高ですが、数百円で50日排水口が安泰だと思うと「これしかない」という思い。キチントさん ダストマン◯（マル）浅型（KUREHA）

すべての消耗品で定番を持ちたい

排水口のネットって、ちょっとしたものだけれど「ニーズにぴったり」じゃないと非常にストレスフルな消耗品です。目が細かすぎるとすぐに詰まってシンクが洪水だし、粗すぎればゴミを見逃して管を詰まらせる。どちらも極めて避けたい事態で、だからこそモノの選択はとても重要です。ネットどころか、その家の排水口のゴミ受けが洗いにくいなどで気に入らないと、取り外してホームセンターで違うパーツを買ってくるほどこだわります。排水口はあまり見たくないどころではなく、よく見て「適した状態」にしておかないと後々が厄介な場所。

排水口ネットは安価であれこれ試しやすいこともあり、「これぞ」にたどり着くまでに様々な商品を試しました。一度「キチントさん」を使ったときに「これはいい！」と感じたのですが、いかんせん値段がその他の倍以上。尻込みして他の商品を転々と試していました。その結果、「キチントさんに勝る使用感のものなし」と判断し、定番の品に決定！お試しとはいえ、ほかのモノを買えば数十枚分の使用感の悪いネットを使うことになり大変ストレス。「次はどうしよう」と考えるのもめんどうな仕事です。もう、うちの排水口ネットはキチントさんだ。

同じ役割をする商品でも、メーカーによって特徴はいろいろ。納得できる定番を持つことで、暮らしで感じる小さな引っかかりをひとつずつ取り除いていけば、家事の負担は減らしていけます。そこを目指してあれこれ試すのが楽しいときもあるけれど、すべての消耗品でつねに果敢にトライしていては返ってくるエラーも大きい。理想は、選択に煩《わずら》わされることのない「すべて定番が決まっている」状態です。

とはいえ、モノは日進月歩であります。「これ」と定番を決めた後でも、よりよいモノが後発で出てくることもあります。たとえば以前は世間に出回っておらず、ネットでまとめ買いをするしかなかった白いマスキングテープが、今はさまざまなお店で売られるように。日用品をひとつ買うのに、わざわざ「ネットにアクセスして」「検索して」「送料を考慮して」とするのがめんどうだったので、手軽に買える近所のお店で模索することにしました。結果、ダイソーのものを定番マステに決定。厚みがあって透けないところが決め手でした。以前使っていたモノと遜色ないうえに、安くラクに買えるようになりスッキリ。

ときには、「よりよいモノを探す旅」も必要だと思います。その際に自分のなかの定番があれば、「見つからなければ戻ればいいんだし」という安心があり、旅も気楽に余裕をもってできるのでした。

高瀬勝一さん

いいモノを見つけて、共有したい

田園地帯に隣する住宅街の只中に、「takase」はあります。交通の便がいいとは言えない土地柄ながら、オーナーの高瀬さんに見いだされた器や服、服飾品の〝よさ〟に惹かれ、遠近を問わず多くの人がここを訪れます。私も、そのひとり。

Axel Vervoordtのアートブックを参考に山小屋をイメージしてつくったという店内は、静謐で居心地がよく、置かれたモノとともに見る者の審美眼さえ上げてくれるようです。

「いいモノを見つけて紹介し、価値を共有したいという思いがあります」と高瀬さん。

最近買ったお気に入り

Dove&Oliveの
かばんと財布

「ものづくりをしながら平和を届けたい」という気持ちで営まれている倉敷のかばんメーカー。イタリアの伝統的な革「プエブロ」を使い、ミモザや栗の木のタンニンに1年間浸けて作られるかばんや財布は、使い込むほどに輝きを具えます。

只今リピート中

littleのタオル

使うたび肌なじみが柔らかくなり、陰干しであっという間に乾く、高瀬さんいわく「日本一のタオルで、これを知ったらほかのタオルは使えない」。

心地よさを追求したニットの会社、削ぎ落された実用デザインながら手仕事の温もりを感じる器作家——。作り手を敬《うやま》い、作品を愛し、その価値を人々と共有することが、takaseの存在理由です。そして高瀬さんの持ち物は、当然これらの人に紹介したくなるモノ。

ほしいのは、育つモノ

高瀬さんはモノに頓着のない普通のサッカー少年でしたが、大学時代に友人の影響でヴィンテージジーンズにはまりました。たとえ同じデザインを復刻しても、何十年という年月にさらされた〝時間のクオリティ〟を表現することはできない。それは決して劣化ではなく、価値あるものへの変化である。使うことによって育つモノへの傾倒は、ここから始まりました。

「育ったモノは、自分がのりうつったような存在になります。自分が育てたものではなくても、長年使い込まれていたり、いろりで燻《いぶ》されてきたようなモノの色を今出すことはできません。そういう時間の価値を感じるんです」と言い、関東中の骨董市から埋もれている「価値を感じるモノ」を発掘しています。

その一方で、littleのタオルとの出会いは特別でした。都内のお店で見かけた時に、タグを見て「こんないいロゴを作るなんてただものではない」と確信。タオルを使ってもみないうちに製作元に連絡し、話を聞きに行きました。タオルの話で3時間という熱量を浴び、実際に使用してみると、使うほどに肌なじみのよくなる育ち具合に感動。愛猫の毛の色のタオルを共同制作するほどの関係を築き、埼玉唯一の取扱店となっています。

愛着があります

リーバイスのデニム

育つモノへの興味のきっかけとなったのが、ヴィンテージジーンズ。これは今育てている最中で、膝や腰回りに使った時間が刻まれ始めています。

高瀬勝一
アートギャラリーtakase主宰。「都内と自然の狭間で店を営んでいます。本質を見抜き長く寄り添っていける物を選び、ジャンルを問わずご紹介しています」。
http://takase-0.com
Instagram @takasenotakase

takaseの店内。庭に臨む図書室も併設されている。

Q　見るとどうしても我慢できずに買ってしまうモノはありますか?

A　アートブック。その本のつくられた背景やコンセプトを少し知るだけで、見えるものががらりと変わります。おもしろい視点が自分の企画を発想させることも。心を揺さぶられると、値段を問わずついつい買ってしまいます。

ステイホーム中の買い物

突然やって来たステイホーム期間。「元から在宅時間が多かったからそんなに変化はなかった」「急に家にいる時間ができたのでとにかく断捨離に励んだ」「変わらず出勤していたし、むしろ忙しかった」などなど。人それぞれに状況や思いは様々だったようです。それでもこの期間中ほとんどの人がお世話になったのがネットショッピングではないでしょうか。私の家にも日々何かがピンポーンと届く生活でした。

そこで、身近な友人たち（私の初オンライン飲み会メイツである保育園ママ友中心）に「ステイホーム中何買った？」というアンケートを取ってまとめてみたら、ざっくりこんな具合に分類できました。

【家での暮らし向上系】キッチン用ペール、スタンドライト、ダブルサイズの布団とシーツ、大判バスマット、湯上りローブ、サーキュレーター、マグネットティッシュケース、お風呂の蓋、アイロン台、ソファパッド（座面に敷く布）、クッションカバー、壊れた保存容器の蓋、フードプロセッサー、ホットクック

【子どものため系】子ども椅子（アップライト）、室内鉄棒、工作ドリル、うんこドリル、キネティックサンド、バブルバス入浴剤、子どもの自転車、子どもの服や靴、Amazonタブレットとタブレット用スタンド、Youtubeをテレビに映せるケーブル、折り畳みプレイマット、子ども用布マスク（カラフルキャンディスタイルのものが本人お気に入り）、ザリガニ釣りグッズ、ラジコン

【子どもと外遊び付き添い系】外遊び付き添いに重宝していたジャージズボンの色違い、ユニクロのUVカットパーカー、ノースフェイスのストローハット、モンベルのソックオンサンダル、ラフな作りの布製ショルダーバッグ、日焼け防止アームカバー（モンベル）、虫よけスプレー

今をより良く生き抜くための必需品の数々。このリストからは各ステイホーム生活での試行錯誤が浮かび上がってくるようで、不思議となんだか温かい気持ちになりました。

column 4

五章、

シンプルワードローブをつくるもの

今の暮らしで大切なのは、
衣食住の「衣」を
ラクでスムーズなものにすること。
それでいて、おしゃれ心を完全には
手放さないようにすること。

服に冒険を求めずベースをモノトーンにしても、アクセサリーや靴下など、小さいところで色や遊びを取り入れる楽しさがあります。

服をモノトーンと決めたら服選びがラクになった

産後、持っている服のほとんどが「着にくい」ものとなりました。フワッとした袖がジャマで家事育児に向かなかったり、アイロンがけが必要で時間のないときには着られなかったりと、新しい生活状況に合わない服ばかりだったのです。以前に買ったちょっといい服も、着たそばからヨダレや吐き出したミルクで汚れてしまう。生まれてしばらくはお出かけの機会もほぼなく、服が活《い》きません。したがって朝、服を選ぶのがストレスに。着たいと思える服がクローゼットになく、手に取るまでに時間がかかるうえ選んでもスッキリしません。

今のクローゼットに必要なのは、「動きやすい」服であり、「汚れてもいい」服であり、同時にそれらが「迷うことなく一瞬で選び取れる」ことだと思い知りました。衣食住の衣をとことんラクにしたい！

デザインや素材を動きやすく洗いやすい服にすることに加え、決めたのは「服はモノトーンで揃えよう」ということ。白・黒・グレーであれば、どれとどれを組み合わせても大丈夫。何も考えずに上下をパッと取ることができます。また、赤が似合わないという人はいるかもしれないけど、モノトーンが似合わない人はあんまり見ない。保育園へと自転車をこぎながら、

「適当に着ちゃったけど成立してるのか？」なんて不安がよぎることもなさそうです。

以前は青系も好んで買っていたのですが、コーディネートの際モノトーンよりはわずかに迷いが出ます。「下は白、いやベージュの方が合うかな？」といった具合。以前の私であれば「毎日モノトーンは飽きる」「色も着たい」と感じたでしょうが、そこに戻るのは子どもたちがもう少し大きくなり余裕が出てからだと思います。今、いっときの出来心で色のある服を買っても、結局選ばれずにクローゼットの片隅で眠らせてしまうでしょう。

モノトーン活動を始めて4年が経ち、ようやく主要メンバーが揃いました。夫は「いつも白黒だなあ」「今日は真っ黒だなあ」などと言ってきたりしますが、いいんです。大好きな『魔女の宅急便』では、オソノさんが「黒は女を美しく見せる」と言っているんです。お店で服を選ぶときにしても、モノトーンだけを見ればいいからすごくラクだし時短でもあるんです。

ちょっと気を付けているのは、首元のデザイン。ここが詰まりすぎていると女性らしさを出せないし、開きすぎているとインナーを考えなければいけなくなる。あまり流行のデザインにしてしまうと、翌年以降着られないのでスタンダードさも重要です。また白いパンツを選ぶときは、ツルンとした素材ではなくガサガサした表地に。これなら多少汚れても、陰影で目立ちません。育児中でも、白いパンツはコーディネートを引き締めてくれる便利アイテムです。

1

このパンツ 履き心地抜群なのに きちんと見える

・伸縮素材で動きやすい
・シルエットが美しい
・気になる腰回りや太ももをカバー
・しわができないので旅行にも◎

子育てベストアイテム。ONにもOFFにもOKな服ってなかなかありません。ストレッチパンツ（CONTEMPO）

制服のように愛用しているパンツ

下半身が独特なようで、だいたいのボトムが体型にぴったり合いません。Mだときついし、Lだと腿がちょうどよくてウエストが少しゆるい。自分に合うパンツを発見するのが一苦労なのです。そんななか、数年前にYAECAでこれぞのパンツを見つけました。

YAECAは、以前から「日常」「シンプル」をコンセプトとしながら洗練されたデザインが気になっていたブランド。試着をしてみたパンツが求めていた以上のもので、心にイナヅマが走りました。体型に合うのはもちろん、シルエットがきれいでストレッチがきいて屈伸がラク。 購入してからは全季節にわたってヘビーユーズしており、履くほどに「まさに神パンツ！」と愛を深めています。今では色違いの2本を、制服のように着回す日々。3日おきくらいで着ていたら、4年の時を経て裾がほつれてきましたが、裾上げテープをはってまだまだがんばってもらっています。

「こればっかり着ている」というのは、若い頃は恥ずかしく感じることでした。けれど今は、「これでよし」と思います。むしろ、「これがよし」かもしれません。「この2本を履きまわせばよし」と割り切ることが、今の「家事育児仕事の日々を回す」という命題を助けます。ファッションとしてというより、生活のための服たち。悩む時間をほかの時間に回すことができ、服の量を減らして管理やスペースのラクをとれる考え方です。

こうやって割り切る自分がいるんだなあ、という発見がありました。ゆとりのない日々から生まれる新たな自分。新たな自分で周りを見ると、そこには「この人こないだも同じ服着てたな」に対して「いいな」と感じる世界があります。この人は見た目に関しておおらかで、自分と同じように日々が忙しいんだろうな、それってきっとお付き合いしやすいな、というように。共感する範囲が大きく広がり、おおらかになっていく。それは年齢を重ねるよさのひとつであるとも思います。

ただ、ご近所に「見かけると嬉しい気持ちになる」素敵なママがいまして。彼女の装いはいつも新鮮で、刺激をもらいます。そんな刺激はおしゃれ心のスパイス。「服なんて着てりゃいいでしょ」に、少しのアレンジをくわえようとする力をもらっています。私の渾身のおしゃれは今、ピアスとブローチくらいですけれど。

唯一バリエーションを持つピアスとブローチは、夫からの贈り物か、一期一会の出会いで買い求めたものばかり。旅先で訪れた雑貨店や、よく行くギャラリーの企画展などで。写真はSOURCEのゴールドのピアス。

ジャマではないアクセサリー

目で追ってしまうような素敵な人って、体の先の方までおろそかにしない印象があります。靴、爪、髪、耳。先まできれいが行き届いています。自分にできるのは、この中で言うと「耳にピアス」くらい。もう一押し頑張って、「胸元にブローチ」。なぜならこのふたつは、動くときにジャマにならないから。つけたままでも育児や家事に当たることができるから。ブレスレットは水仕事のときにジャマだし、ネックレスは子どもに引っ張られて危険です。

自分にはピアスとブローチしかないのだから、せめてそのバリエーションを増やそうと思ったことがありました。素敵な人に触発されて「自分も変わりたい」と感じた勢いで、「手ごろで可愛い」「自分の持っていないタイプ」のピアスを衝動買いしたことも。結論から言うと、ほとんど使っていません。結局、ずっと愛用しているシンプルなものばかりを手に取っている。

好きなのは、小さな一粒ダイヤのピアスや、陶器のクロスのブローチなど、さりげなく付けられて静かな味わいがあるもの。遠くから見てもつけているのかわからないけど、近づくときらりと存在が光るもの。これらが私にとっての、毎日つけても飽きない、飽きられない、日常に寄り添うアクセサリーだと感じています。

⇧ 夫のくれたSOURCEのアクセサリーたち。クリスマスツリーの下に子どもたちへのおもちゃと共に置いてあったことも。ありがとう……。
⇦ アクセサリーをつけはずしする洗面台近くの棚に、「重なるアクリルケース＋ベロアの内箱（無印良品）」に入れて。

夫婦でしあう贈りもの

以前夫からもらったSOURCEのピアスを日常づかいで愛用しています。それを見て、夫は記念日やクリスマスといった特別なときにはSOURSEのアクセサリーを贈ってくれるように。素敵なブランドだし、その気持ちがとても嬉しい。ただ、前述のとおりブレスレットやネックレスはほとんど使えません。お礼を言いつつ、「ピアスだとありがたい」「これは留め金がつけにくい」などのフィードバックをしました。それでも、「これはつけやすいから」とブレスレットをくれたり、ピアスだけれど子どもに引っぱられそうなデザインだったり。私からのプレゼントにしても、探し回って贈ったベルトより、夫が自分で選んだものをヘビロテ中。たとえ好みが合ったとしても、着け心地や使い勝手、日常の動作の詳細までお互いを把握するのは難しい。だからプレゼントは自己調達が一番かもね！　ということになり、好きなモノをそれぞれに自分で買うことが増えました。それでも、たまにサプライズでくれることがあり、それも嬉しいもの。ぜいたくを言えば、今一番うれしいのは「帰ったら料理をつくっておいてくれた！」とか、「いいホテルの宿泊券をくれた！」なんていう「モノよりコト」かもしれません。今付けられていない夫からのアクセサリーは、将来余裕ができてからのお楽しみです。

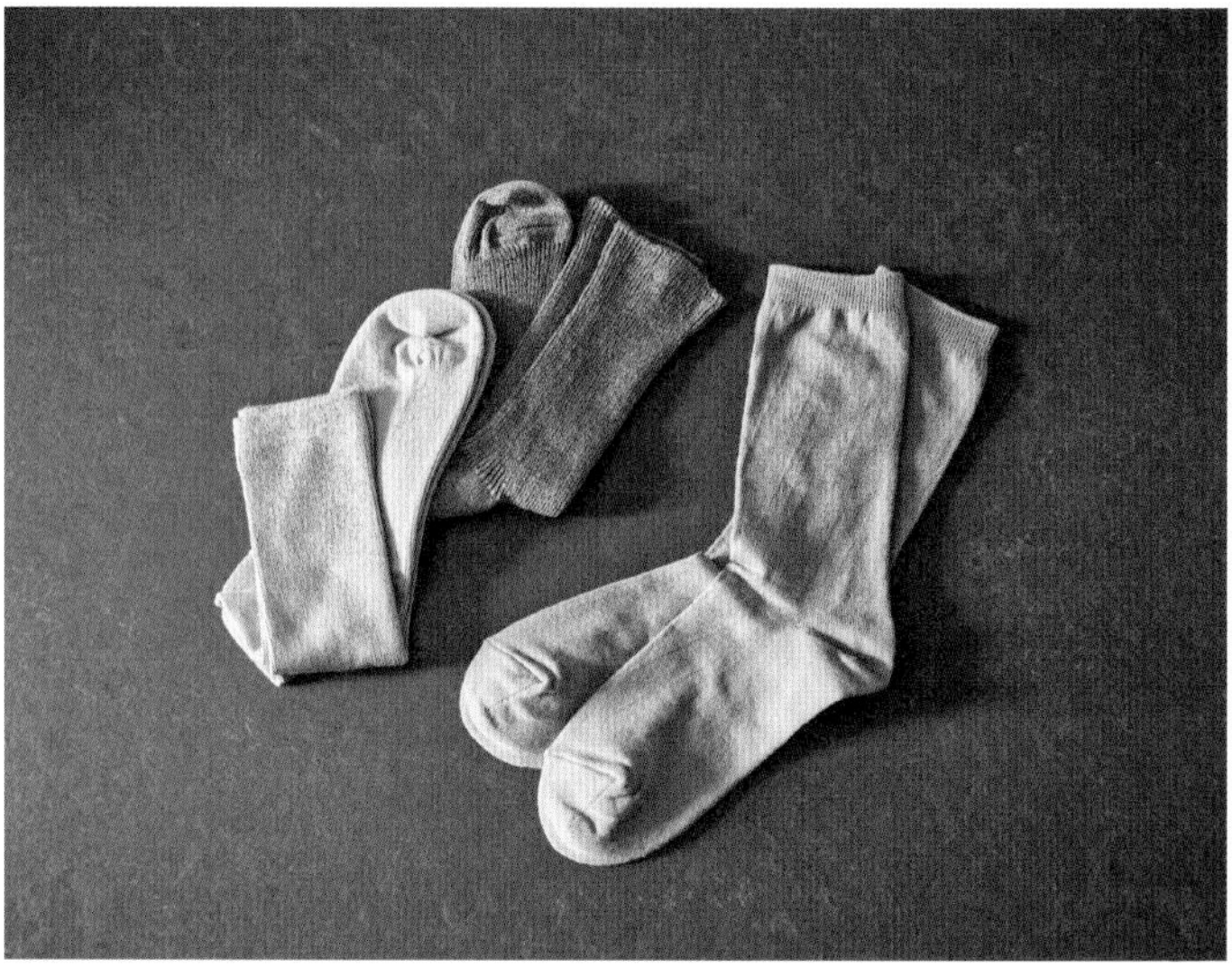

ヘビロテしているhakneの靴下。色味に惹かれて購入しました。夏場は涼しいリネンや綿素材の靴下を色を変えて楽しみます。

愛用のインナーたち。

手ごろなインナーを着倒す

インナーって意外と種類があります。ブラ、タンクトップ、カップ付き等々。以前はどれも何枚かずつ持っていましたが、毎日洗濯するのでだいたい同じ2枚しか使っていないことに気づきました。すると、その2つ以外の大勢がほぼ「控え」。頻度が低いので劣化もせず、何年もその場にいるだけの存在になり果てていました。

そこで、インナーも服も「ちょっと不安なくらい少なく」してみました。下着のパンツは3枚、ブラ2枚、ブラトップ2枚。要は上4枚と下3枚です。少ないようですが、それでも使うのは同じ2枚になりがち。パンツは無印良品週間のときにストック3枚を買っておくので、旅行で足りない時はそこから補充します。冬は、下着の上にモンベルの長袖インナーを着ます。

少ないと、省スペースで選択に迷いが出ずとてもラクです。ヘビロテするために劣化は早いのですが、手ごろなインナーを次のシーズンに新調するので負担なく新鮮な気持ちで着ることができます。いっとき、「インナーにセンスが表われる」とよいモノを買うようにしていましたが、気軽に買い替えられないのでやめました。素材を気にせずゴシゴシ洗えないのも生活に合いません。今大切なのは、おしゃれであるより気楽であること。無印良品とユニクロ様様です。

5年に渡り、毎日のように履いている定番のダンスコ。そろそろ他にも目を向けてみるか、といろいろ試し履きしてみたが、しっくりこず、やっぱりダンスコに戻る。

毎日履きたい靴に出会った

「いつもその靴ですね」と言われることがあります。そんなときの私の顔は、トホホではなく「ニヤ☺」。意気揚々と、履いているダンスコの魅力について語り始めます。

なにしろ、いくら歩いても足が疲れません。手を使わずにスポッと脱ぎ履きできて、玄関での動作が劇的にラク。そして幸い、持ち服のテイストにぴったりなのです。この7年で、5足をリピートしてきました。履きやすいのでほかの靴に手が伸びず、ダンスコを2足持って回しています。

ダンスコのなかでもはじめはサボを履いていましたが、幼児との生活でかかとのストラップが壊れやすいので今は靴タイプを履いています。サボ時代は修理のため、靴になってからはかかとの張り替えのために青山の路面店を訪れます。そうすると店員さんが、靴底の減り具合から「バランスよく歩けていますね」なんて褒めてくれる。最初は、歩き方のレクチャーまでしてくれました。ダンスコは、かかとからまっすぐ下ろす歩き方をしないと履きにくい靴のようです。「固い」「重い」と合わない方もいるので、試し履きはした方がよさそう。私にとってはすっかり足になじみ、歩く姿勢をダンスコがアシストしてくれている気すらします。

現在愛用しているのは、靴タイプの茶色。冷え取りの靴下重ね履きをしてちょうどよいサイズを選んでいます。どちらかというとカジュアルなデザインなのですが、「革だから」と講演などでも履いてしまっています。大人も深まってきた今、そろそろきちんとしたレースアップの靴を持っておこう……とは思うのですが。いつか「これぞ」に出会えますように。

【スニーカーが仲間入り】

最近、活発に動くようになってきた子どもの公園遊びに合わせてスニーカーを買いました。土や草の上を走り回るには、革靴よりもスニーカーですね。最初は昔買ったランニングシューズで走っていましたが、あまりに〝ジム〟な見た目なので新調を決意。スニーカーに詳しい夫に相談しました。

彼が言うには「ニューバランスのイングランド製の1500番台がいいのでは」とのことですが、調べてみたらお高い！　しばらく買いしぶっていたところ、旅行先で立ち寄ったアウトレットでそれそのものを発見。しかも大幅に値下げされており、望みの色もサイズもそろっています。これはご縁だと判断して、購入。おかげで、公園や野遊びがより楽しいものになりました。

軽いので身軽にうごけていい。脱いだ時はコンパクトに丸めてバッグにしまえるのも高ポイント。
インナーダウン（THE NORTH FACE ）

たどり着いたのは、インナーダウン

以前はウールのロングコートを着ていました。けれど子どもが生まれ、自転車に乗ったり外でしゃがんだりが増えてロング丈が支障をきたすように。年々ボーイッシュ度合いを増していく自分の服装とも、フェミニンなデザインが似合わなくなっていました。

さて、どんなアウターが今に合うのだろう。丈が短いモノであることは確か。そして冷え取り靴下が温かいので、あまり防寒度が高いと汗をかいてしまいます。さらに車中や室内では脱ぐので、かさばらない方がいい。重ね着で工夫するのは組み合わせを考えるのが面倒だし、アウターを複数持てば場所をとり各々の出番が少なくなるので、できれば1枚で済ませたい。

考えた末、それはインナーダウンではないかと思い至ったのは3年前の冬です。アウターの下に重ね着する前提のものですが、薄くてほどよい。そのなかでもどのメーカーの何がよいだろうかとアンテナを張るうち、越冬。ようやく「これだ」に出会えたのは、翌冬の登山用品店でした。ザ・ノース・フェイスで好みの色とデザインのものを見つけ、ついにゲットです。

実際、軽くて負担にならず、動きやすく、寒さはしのげる優れもの。コンパクトになるので旅行やキャンプにも最適で、幅広く活躍してくれています。

毛玉クリーナー（テスコム）

衣類スチーマー（パナソニック）

きらいな「お手入れ」でもこれならできる

どうにも、モノを「磨く」「ブラッシングする」「塗り直す」といったお手入れが身につきません。原因を探るに、毎日の習慣に組み込まれていないから。「時々」「たまに」となると、「明日でいいか」が3年続きがち。心の隅に「やらなきゃいけないのに」があるのはストレスだから、だいたいのお手入れは放棄しました。靴磨きに関しては、担《にな》ってくれる夫に感謝です。

そんな私でもやりたくなるのがこちら、毛玉取り器。コンセントにつなぐという動作はめんどうですが、つなぐからこそのパワーでおもしろいほど毛玉が取れます。せっかくつないだからという理由で、「毛玉のあるやつはいねが〜」と数枚をついでに手入れできてしまう。

アイロンは、以前のものが壊れてから「どうせかけないんだよな」と持っていませんでした。けれど、どうしても伸ばさないと着られないシワはある。そこで、吊るしたままでシワを伸ばせる衣類スチーマーを導入することにしました。これならアイロンよりは気軽に取り掛かれるし、なにより完全にピンとはできなくても「やらないよりマシならOK」「だいたいでよし」という自分の性格に向いているからです。導入後の感想はまさに、「これならできた」「喜ばしい」。お手入れっていいですね。おかげで最近手が伸びなかった服の出番も上がりました。

香りで惚れたもの

香りは私にとって、
心地いい空間をつくる一要素です。
あたりを整えて香りにふさわしい場をつくり、
最後の仕上げに香りをつけたい。
強すぎず、自然でほのかな香りが
心を安らげます。

左：とあるお店のトイレで出会った「ポスト プー ドロップス」。入った瞬間の感動から自宅にも導入し、今3本目。中：夫の「シェービングセラム 26」。髭剃り後、香りが洗面所に満ちて幸せな気持ちに。右：持ち歩くのに程よいサイズの「リンスフリー ハンドウォッシュ50㎖」。手の清潔をキープするとともに香りに癒されます。（いずれもイソップ）

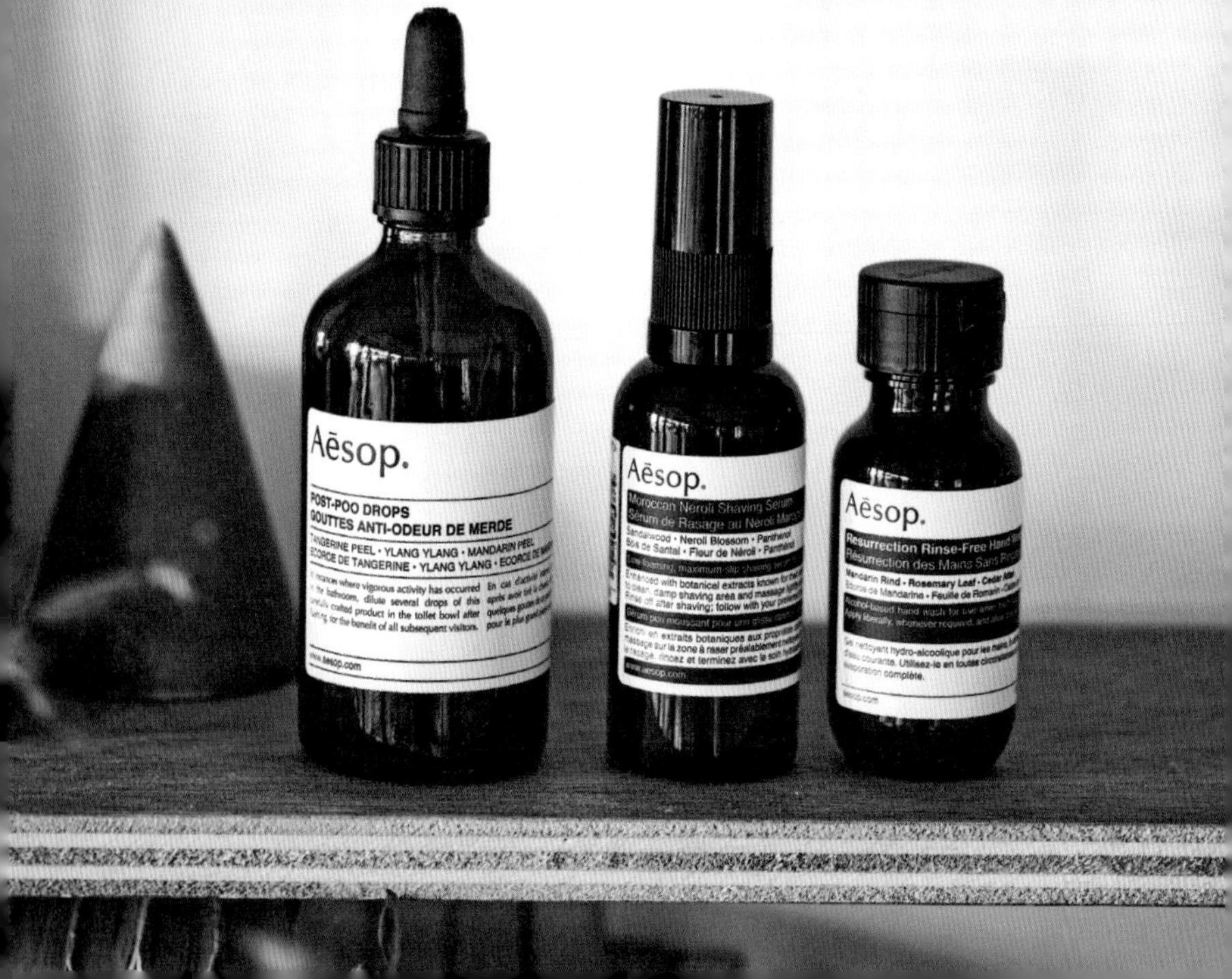

a

b

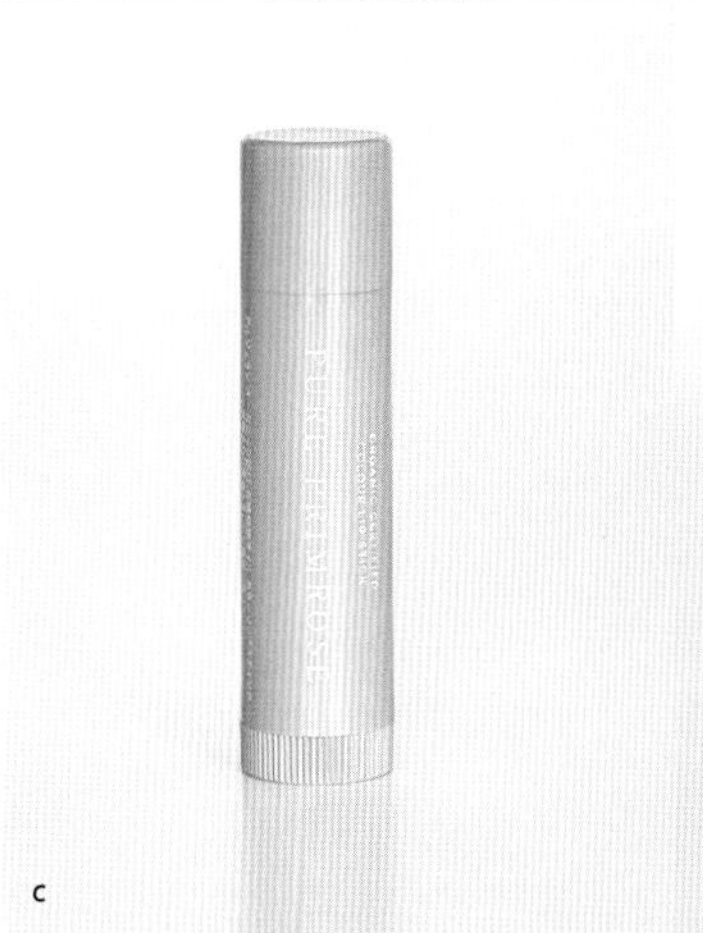
c

d

どれも「天然成分で香りが好み」という理由でリピートしている消耗品。a「暮らしの重曹せっけん泡スプレー（ミヨシ）」はユーカリの爽やかな香り、b「ちふれ 泡洗顔（ちふれ化粧品）」はローズマリーのすっきり系、c「アルジェラン カラーリップスティック アンバーローズ4g」、d「アルジェラン モイストハンドクリーム フローラルアロマ 50g」（いずれもマツモトキヨシ）は100％天然由来で、センシティブな肌に優しく、ほのかなハーバルアロマを気に入っています。

佐久間理沙さん

只今リピート中

朝ごはん

朝ごはんは「ブドウパン、コーヒー、ヨーグルト（上にバナナ、キウイ、冷凍ブドウ、グラノーラ、はちみつ）」と決まっています。コーヒーの香りを楽しんだり、果物の熟れ具合に喜んだり、短時間に身も心も整う朝。

やっと見つけた！

ハムエッグパン

3年探し続け、合羽橋でついに見つけたハムエッグパン 中深型（中尾アルミ製作所）。狭いキッチンで邪魔にならない短い柄、広い平面、可愛いフォルムがポイント。

時間をかけて、じっくりモノ選び

収納家具に関わる仕事をしていて、整理収納アドバイザーの資格を取った佐久間さん。勉強をするなかで、自分の生活を見直すことになりました。面倒くさがりな自分が、ラクしながら片づいた空間で過ごすためには、モノをどう持つべきなのかと。

心がけるようになったのは「とりあえず」でモノを取り入れないということ。小さなワンルームで、何を持っているのかわからなくなるような物量を持つことは防ぎたいと考えました。

だからモノを買うときはとてもとても慎重です。モノによっては数年持たずにどうにかやりくりし、何年も吟味したものを取り入れるように。

食卓を買うまでにも、5年を費やしました。その間食事は、今花瓶の載っている小さなスツールの上で！　あまりに理想のテーブルが見つからないので古材を買って自分で足を付けようかとも思いましたが、「それはみんなやりがちだし」と踏みとどまり、探し続けました。なんとなく、「人と同じ」がいやなのです。誰かが持っていそうなモノではなくて、自分だけの特別を手に入れたい。

そしてようやく古家具店で見つけたのが、このまあるいちゃぶ台。いずれ引っ越すとしても、ずっとこのちゃぶ台と暮らしていたいと日々愛を深めています。

失敗から学ぶもの

以前、あまり深く考えずに鉄のフライパンを買い、手入れができずに全然使わなくなるという失敗がありました。炒め物の調理をまったくしなくなるという本末転倒な経験をして、モノのなかでもとくにキッチン用品はちゃんと考えて購入するように。理想のフライパンを見つけるのにも3年がかかりましたが、今は使うたび「正解だー」と喜んでいます。モノを取り入れるということに対して、考えを持つようになったきっかけとなった失敗でした。

愛着あります

DURANCEのルームフレグランス・ピローミスト

香りが心を安らがせると感じ、嗅覚を意識して暮らすように。DURANCEのルームフレグランス・ピローミストは10年愛用。バラの香りが好みです。瓶を飾るのは、存在感が軽くて可愛いいから。

1年使わないモノは、手放す

佐久間さんの「持ち方」の指針は慎重を期したモノ選びですが、モノを手放すということにも積極的なのだそう。たとえば引き出しを開けた時に「多いな」と感じると、中のモノをすべて出して整理します。1年使っていないモノがあると、「もういいかな」と手放すように。最近手放したのは、念のため

只今リピート中

セリアのタッパー

フタをしたままレンジに入れられて、溝が浅くて洗いやすいセリアのタッパー。タッパーは消耗品と考えて、気安く交換できるものに。

ずっと愛用しているモノ

マグカップ

子どものころにお父さんが買ってくれたマグカップ。ココアやお茶を入れて、寝る前にホッと一息。シンクでのローテーション上、コーヒーはp122のマグ、お水はグラスと決まってきました。

佐久間理沙
都内で一人暮らしをしているインテリアアドバイザー。「暮らしを整えることで、住まうひとが心地良い時間を過ごしてほしい。そんな想いを大切に、整理収納の資格を活かして日々お客様のお手伝いをしています」。

に取っておいた資格の参考書。全然見返さないからと思い切って処分しました。そして、引き出しいっぱいに入っていたインナーも。様々な種類を持っていましたが、思い切りよく4分の3を手放してスッキリ。スイッチが入ると、どんどん手放す癖があります。

Q　最近はまっているものを教えてください。

A　もともと健康に留意していましたが、コロナ禍でさらに意識が高まりました。普段はヨガマットを敷きっぱなしにしてウェイトトレーニングをしたり、ジョギングをしたり。お弁当率が増えたので、作り置きをタッパーに詰めて冷蔵庫いっぱいにするのが休日の楽しみです。

みんなのレモンチューハイブーム

お酒はずっとビール派でしたが、最近レモンチューハイが美味しくてハマっています。冷蔵庫にはいつもお気に入りの「本搾りレモン（キリン）」がストックされていて、夕飯時、冷蔵庫で冷やしたサーモスのタンブラーに注いで飲むのが日々の楽しみです。

お会いした人がお酒を飲む人だと知ると、「家では何を飲みますか？」とつい聞いてしまうのですが、最近たまたま「レモンチューハイ」と答える人が続いたので、ますます興味深く「どこのレモンチューハイが好き？」「どんなグラスで飲む？」などつい質問攻めにしてレモンチューハイトークに花を咲かせていました。そうしたらよく会うメンバー（お酒がまぁまぁ好きな大人4人）内でもレモンチューハイトークが盛り上がり、ブームが起きました。ワイン派だった人も、缶チューハイ派だった人も、焼酎と炭酸とレモンでつくるセルフレモンチューハイを作るように。

「ふるさとレモン（レモンを丸ごと使った粉末飲料）と生のレモンを両方入れて飲んだら美味しかった」とか、「レモンはカットして凍らせたものをそのまま入れると美味しい」とか「レモンは旬の時期国産をフリマアプリで1キロ買いして冷凍しておくといい」とか……。出てくる出てくるレモンチューハイにまつわるそれぞれの裏ワザが！　私も早速取り入れて、最近では自分好みのレモンチューハイを作る楽しみができました。

コロナ禍によりまだまだ大勢での乾杯はままならない今。家でレモンチューハイを飲むたび、「あの人も今頃飲んでいるかな？」と思い出すだけで、近い距離にいられるような気持ちになって嬉しくなります。

column 5

六章、

なにより健康！　を支えるモノ

もともと冷え性で、
体調を崩すことも多かった過去。
育児も仕事も家のことも、
元気でなければやりきれないと
身をもって痛感しました。
健康のためにできることは、
しっかりやっておきたい。

畳の上にシングル2枚とダブル1枚を隙間なく敷き詰めて、家族4人でのびのび快眠。ムアツふとん（昭和西川）整圧敷き布団（東京西川）シーツは敷ふとんシーツ・ゴム付（無印良品）の上にパシーマキルトケット（龍宮）を。肌掛けもパシーマ。
⇦ 寝室の端にスペースをつくり、アコーディオンカーテンで間仕切り。かけ布団をかけるバーをDIYしました。

眠りの質をおろそかにしない

古くて薄い敷布団に寝ていた10年前の私たちが、布団の重要性をかみしめたのは旅先の宿でのことでした。宿の布団は昭和西川の「ムアツふとん」。体圧を分散させる構造で、寝ると体がフワッと浮くような感覚です。驚くほどの寝心地のよさ、翌朝の寝覚めの素晴らしさに、布団が及ぼす眠りの質の差を強く感じました。眠りの質が上がれば、健康ばかりか人生の幸福度が上がるのではないか。布団を選ぶとは、とても意味の大きい投資なのではないか。そう考えて、いよいよ布団がくたびれた頃に「よい布団」への買い替えを決意しました。

失敗をしたくないので、地元の布団屋さんをネットで調べて「遊眠館ＩＴＯ」というお店へ夫婦で相談に。たくさんの種類の布団に試し寝をさせていただきながら、ふたりにピッタリのモノを選ぶことができました。

購入したのは東京西川の「整圧敷き布団」。布団を見直すきっかけとなった「ムアツふとん」も、のちに子どもの分を追加購入。両方とも本当に寝心地がよく、家族全員快眠の日々です。

＊ちなみに、体の大きい夫は折り目の溝を感じにくい「整圧敷き布団」が好みだそう。「ムアツふとん」は側生地を着脱しやすく洗濯しやすいので、子どもに向いていると感じています。

着脱しやすいゴムの枕パッド。ピローパッド（ニトリ）

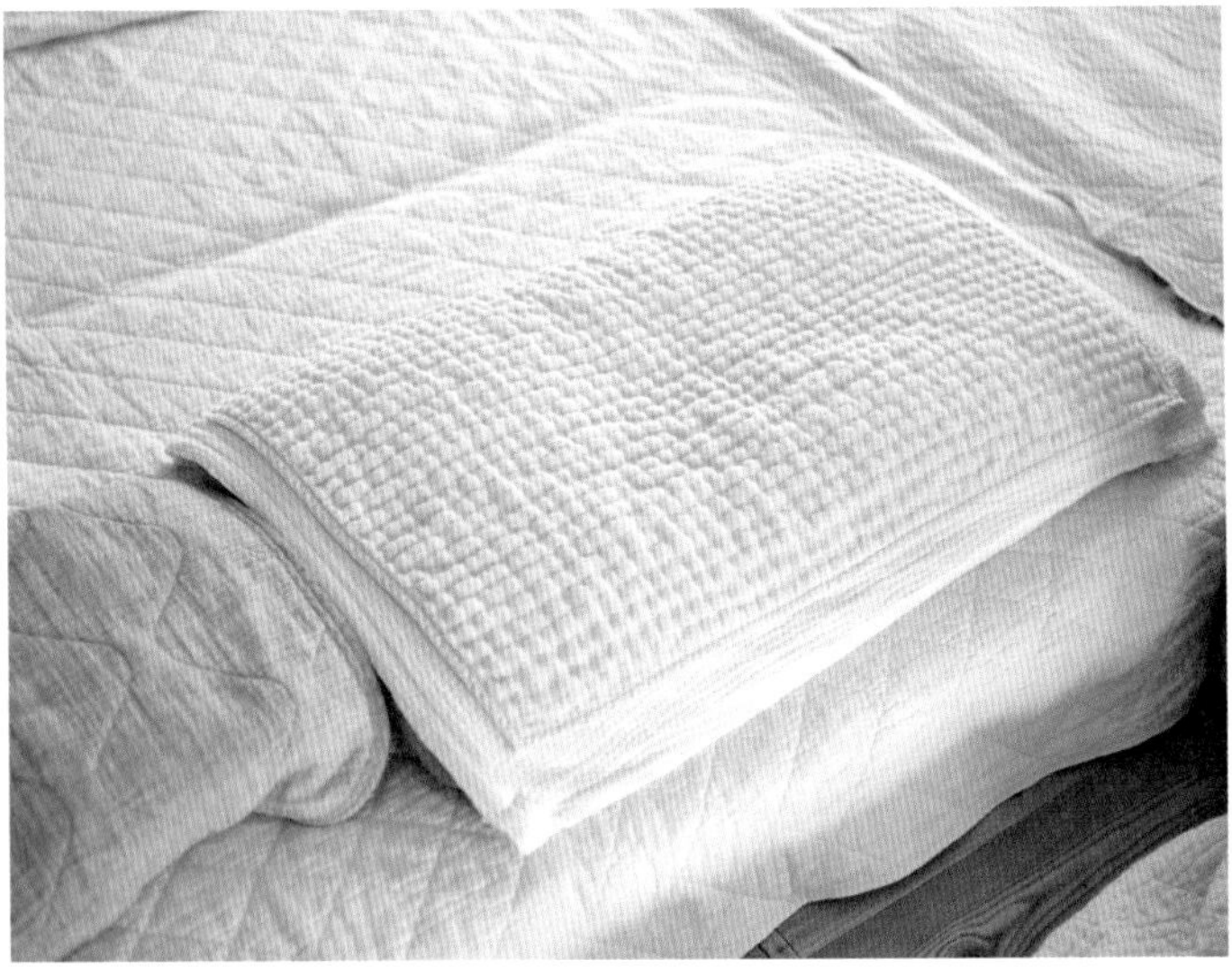

のせるだけなのにずれない不思議な枕パッド。オーガニックコットン４重ガーゼ枕パッド（園田寝装店）

枕パッドの話

枕パッドをつけていると話すと、「へぇ……（なんでまた）」という顔をされがちです。そう、枕カバーの上につける、裏側にゴムが2本のあれです。なんでつけるかといえば、すっぽりとかぶせる枕カバーよりもパッと外せて、洗濯頻度が上がるから。めんどくさがりだけど清潔が好きな自分にぴったりの商品なのです。

ただ、枕パッドには払しょくしきれない「奇抜な色」感や、「化繊」感があることは否めません。そんな理由で離れていた期間もあったのですが、最近は自然な色合いで自然素材なパッドも増え、頻繁に訪れるニトリで豊富な種類の中から好みのものを見つけて使っていました。よく暑い季節向けの「冷感」商品がありますが、「吸汗」を重視してもっぱら綿やガーゼを選びます。これなら夏は汗を吸い、冬はあたたかくてオールシーズン。最近は、ゴムがなくても「織り方で枕からずれない」というガーゼのパッドを人から聞いて導入。さらに取りやすく洗いやすいを叶えています。

ちなみに敷布団にも、カバーの上にパシーマを敷いて外しやすく洗いやすく。パシーマはだいたい週に2回くらい洗い、その下のカバーは月に2～3回の洗濯で済んでいます。

夏場は2枚、冬場は4枚重ね履きします。
この日は絹と綿の混合グレーソックスに
綿の白い靴下を履いて。

よく伸びるヒムカシの靴下は、重ね履きの一番外側にも最適。きれいな色で心が弾みます。

ウールフェルトスリッパ。底が人工皮革で履きやすい。(FORSLAG DESIGN)

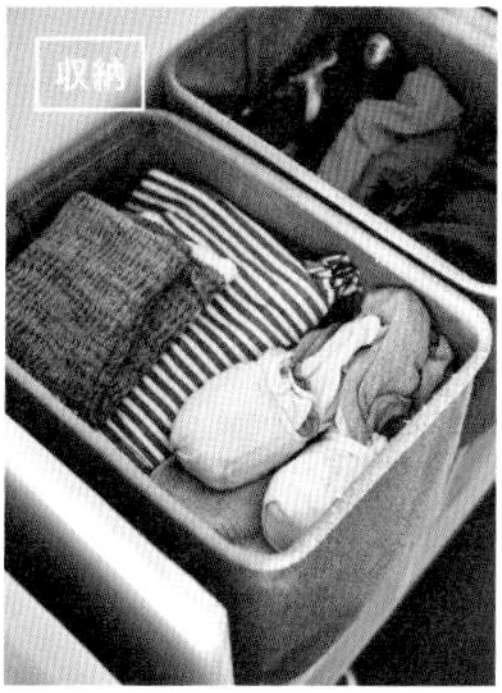

大量の重ね履き靴下は1セットごとにくるんとまとめて。風呂上がりに履くので、洗濯機横にインナーと共に収納。

あったかインナーたち。左より、スーパーメリノウールL.W.Uネックシャツ Women's(モンベル)、リブカラー ロングパンツ(天衣無縫)、シルクリネン二重織レッグウォーマー(ライブコットン)

冷えを取るという投資

知人に「冷え取り」の達人がいます。冷え取りとは、下半身をあたためて上半身との温度差を少なくし、血の巡りを整えて体調を改善するという健康法。最初に話を聞いたときは「それはよさそうですね」という程度でしたが、どうにも風邪をひきやすく、ひどい肌荒れがなかなか治らなかったことで本格的に興味を持ちました。皮膚科に血の巡りをよくする漢方をもらったらてきめんに肌荒れが治り、なるほど自分に必要なのは血の巡りなのだとわかったことと、妊活に取り組むタイミングだったことが背中を押しました。

知人にアドバイスをもらいながら、冷え取り専用の靴下を3セット購入。絹と綿の靴下を交互に4足履く生活のはじまりです。腹巻付きのレギンスも着用し、半身浴を日課にしました。ちなみに真夏は暑いのでレギンスを履かず、重ねる靴下も2足に。専用靴下は通気性がいいので、意外と蒸れずに快適です。靴下が湿ったりもしないので、連続して2日間履くこともあります。くわえて、体力筋力をつけるために加圧式トレーニングのジムにも通い始めました。

大量の靴下もジム通いも金額的にはなかなかの投資ですが、目に見えて風邪をひかなくなり、肌荒れが治り、体力がついたので大成功。これはほかに要因があるかもしれませんが、妊活もうまく運びました。産後はごたごたして冷え取りとジムをさぼってしまったのですが、わかりやすく体調を崩しました。月1で寝込んで育児に押しつぶされそうになり、その両者の健康貢献度を実感です。あわてて再開したところ好調に転じることができました。どの取り組みも心地がいいので、義務感からというより「やりたい！」と前向きに取り組めています。

不調を観察し、行動を起こし、結果を得るという点で収納と同じ。いや、育児とも家事とも、仕事とも同じでしょうか。不都合をよくよく観察してあれこれ試すことの大事さを思います。

【靴下で差し色】

服が白黒と地味なので、靴下に色を取り入れています。今できる、精一杯のおしゃれのひとつ。そんなおしゃれ心を支えてくれるのが、ヒムカシの靴下。色味が明るくきれいで、なおかつ裏地の糸が透けて見えることで落ち着いた風合いも兼ねそなえています。服ではとても取り入れられないような鮮やかさでも、靴とパンツの間に少し見えるくらいなら抵抗ありません。気分も明るくしてくれる、コーディネートのアクセントです。

よく伸びて丈夫なので、冷え取り靴下のアウターとしても使えて便利。工場の関係でしばらく製造を休むと聞き大変残念なのですが、またの復活を心待ちにしています。

安西久子さん

花は、一緒に暮らすもの。

安西さんは、親の代からお世話になっている生花店「野の花屋」のオーナーです。〝長持ちして葉が散りにくいもの〟とだけお願いしてお任せすると、いつも本当に素敵な花束をつくってくれます。華やぎのなかにどこか慎ましさがあり、部屋にスッと馴染むような。

「花は、飾るというより〝一緒に暮らす〟もの。そう思うと、もっと花に愛着が湧くでしょう」と安西さん。それを聞いてからより一層、家のなかで花が視界に入るたび、心が癒され栄養をもらえているような気がします。

聞けば、ブーケに対する考え方からインテリアや庭、果ては人生についてまで、神田隆さんという師匠から教えてもらったのだそう。彼が伝えてくれたのは、ブーケを組むときは「草も花も同じだけ大切に」「自然の山と同じ構成に」すること。「植物でしか人は癒せない」ということ。10年前にだんなさんが天国へ旅立ったときには、「悲しみの中から出てこなくていい」のだと教えてくれました。

安西さんは、だんなさんのことが大好きです。花屋を始めたのも、一日中一緒にいられると思ったから。誕生日のたびに何かを手作りしてくれただんなさんは、「カフェもやってみたい」という安西さんのつぶやきを聞き逃さず、カフェまで作ってくれました。カフェも、ぐらぐらするダイニングテーブルも、安西さんの大切な宝物です。

目がないんです

本と香りのモノ

本と香りのモノは我慢しません。本は気に入ると何回でも読みたいし（とくにオシム元監督のは!）、借りずに買います。サンタ・マリア・ノヴェッラのポプリはとてもいいにおい。トイレには香水。いい香りは心を上げてくれますね。

モノを買うとき手放すとき

ほしいモノが浮かんだときは、「買い物リスト」につけています。リストには「歯磨き粉」も「お椀」も同等に並んでいて、この中のモノと出会えたときが買うタイミング。

一方で、部屋のなかに色が溢れてくると、モノを手放したいと思うのだそう。部屋のなかを見回したときに「少しうるさいな」と感じたら見直しどき。

祖父の影響から古い味わいの家具や設《あつら》えが好きな安西さん。落ち着いた空間のなかで好きな香りを楽しんだり、ゆっくり読書をすることが暮らしの一部となっています。

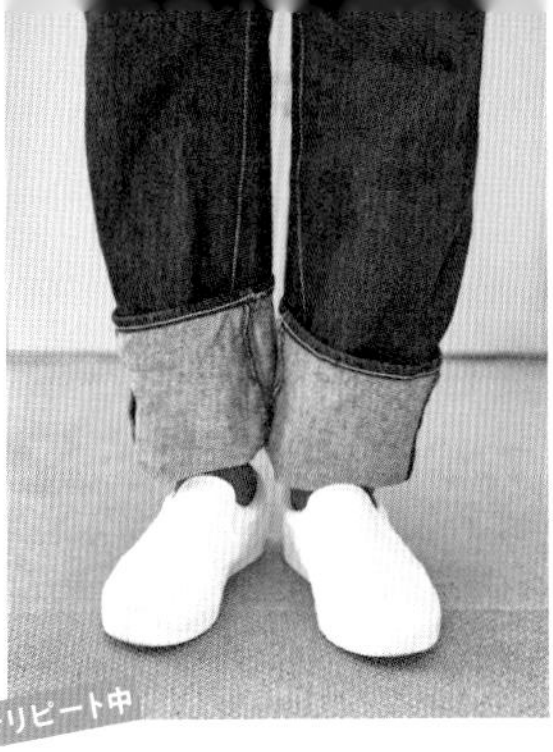

只今リピート中

無印良品のスリッポン

足に合わず痛くなってしまう靴が多くて、靴難民。無印良品のスリッポンはぴったりで履きやすいし、紐を結ぶ面倒もなくて助かります。何足もストックしているほどのリピーター。

ずっと愛用しているモノ

夫のつくってくれたダイニングテーブル

ぐらぐらするのだけど、年々好きになっていきます。

安西久子
30歳で埼玉県戸田市に「野の花屋」をオープン。その後「カフェ・シバケン」「まめしばコーヒー」「花と雑貨ウォーター」を開く。51歳の時、夫をがんで亡くす。現在はカフェと花屋の経営者として活動中。
https://www.nonohanayagr.com/
Instagram @cafe_shibaken

Q　贈り物には何を選びますか?

A　やっぱり花。相手の好みも考えるけど、基本的には自分の好みで花束をつくって贈ります。こんなとき、花屋でよかったなあと思います。私も花をもらうのが好きで、もらえると嬉しいし楽しい気分になります。

8年前のモノと私

2012年に出版された私の初めての書籍を久しぶりにパラパラとめくってみて、驚いたことがありました。本に写っている雑貨や家具、洋服など、あらゆるモノの半分以上を、今はもう持っていないと気づいたからです。壊れた、ボロくなった、趣味が変わった、用途がなくなった……と手放した理由は様々ですが、この8年ほどで私という人間が180度変化したことを表していると感じます。

住む家が変わったり、年齢が上がったり、子どもができたりと、環境やライフスタイルの変化によるところは大きいですが、何が好きで、何の優先順位が高いかという価値観の変化も、持ち物には強く投影されているようです。

例えば2人暮らしだった当時、家にあった鍋とフライパンは合計6つ。4人家族になった今の家には4つで、数が減っているのが意外でした。「なぜだっけ?」と考えてみると、同時にいくつものおかずを作ることがなくなったことや、時短のために電気調理鍋(ホットクック)を導入したことが理由に挙がりました。今はおかずをいっぱい作る余裕もないし、作る気もないのです。当時から苦手意識のある料理を、「いかに頑張らないで作るか」というのがテーマです。調理器具を多種多様にたくさん持たないことも、頑張ることを手放すための一つの選択だったのだと思います。

私だけでなく、8年前に持っていたモノと今の家にあるモノが大きく変わっているということは、多くの人に起こっているのではないでしょうか。もし昔の家の写真を見ることがあったら、そんな目でよく観察してみてください。知らず知らずのうちに変わっていた自分を発見するかもしれません。

column 6

七章、
「子どもと楽しく」のそばにあるモノ

子どもにとって
「今」「本当に」必要なモノってなんだろう？
子どもの心と体と幸せと、
親のお楽しみと下心とコストと。
考えることはたくさんあるし、
自分と子どもは違うから。
まだまだトライ＆エラーを
繰り返しているジャンルです。

大きな持ち手があり、どの角度の時もパッと持って運びやすい。お座りを始めたばかりの赤ちゃん時代からずっと愛用。コロコロチェア（HOPPL）

ダイニングテーブルが日本の家具屋さんのものなので、日本製の子どもいすがよく馴染みます。座面を変え、高さを変えることで、赤ちゃんから大人まで快適な座り心地。背中がぐにゃっとならないのが決め手に。アップライト（豊橋木工）

とことん働く子どもいす

ＮＨＫニュースの「まちかど情報室」で知ったコロコロチェア。転がして面を変えることで、高さの違ういすになったり、踏み台やミニテーブルになったり。子ども用品は使える時間が短いので、長く使えて汎用性があるものには惹かれます。なにより、その愛らしいデザイン！

長男の腰が据わったころ満を持して購入し、座って遊んでもらったり、靴下を履かせたり。少し大きくなってからは、玄関で靴を履いたり洗面台で踏み台として使ったりと活躍しました。今はリビングで、子どもいすや花台として働いています。

ダイニングで使っている子どもいす「アップライト」を初めて見たのは、インスタグラムの投稿でした。当時はほとんどの画像をストッケが占める中、デザイン性の高さで目に留まりました。調べると、子どもが姿勢よく座れて、長く使えて、調整がラクで、あまり後ろにせりだしていないので大人がうっかり足の指をぶつけにくいとあるじゃないですか。

取扱店を調べて実店舗を訪れて、背筋にピタっといすの背が沿う座り心地のよさを体感しました。子どもが騒ぐのでその場で購入はしませんでしたが、家でじっくり考えてからネットで注文。とてもよいので、次男にも迷わずアップライトを選びました。

防音対策にジムマット。3つに折り畳み、
立てて収納できるのがよい。(IKEA)

太くて握りやすい色鉛筆、かわいい布製のお野菜セット。どちらも見ていてほっこりします。木箱「KNAGGLIG」は横から中身が見える、ガサッとたくさん入れられる、でおもちゃにピッタリ。下にキャスターをつけて移動しやすく、掃除しやすく。(IKEA)

抗いがたし、ＩＫＥＡの魅力

幸いなことに、車で30分のところにＩＫＥＡがあります（高速使用）。家族のお出かけで、「博物館に行こう！」「遠くの公園に行こう！」の並びで「ＩＫＥＡに行こう！」が入る、大人にとっても子どもにとっても楽しい場所。しかも扱われている商品はすべて「家」のモノであり、家族みんなでみんなの暮らしを考えられる特別感があります。北欧ならではの、日本で発想されないようなモノ、デザイン、色合い。次々に出る新商品から、いつも決まって買う消耗品の類（ジップ袋、収納用品、時にフライパンなど）まで、どこを見ていてもワクワクします。

おもちゃコーナーですら、胸が弾みます。キャラクター商品で溢れる一般的なおもちゃ店とは一線を画したデザインが何とも言えず「部屋にあったらうれしい」ものばかり。ウェブを見るとどの商品も、ちゃんとデザイナーが記されています。子どものいる生活を楽しみつくしたいという気持ちが膨らんで、つい子どもがほしがってもいないおもちゃを買ってしまったことも。そういうものは大概、使われないので要反省です。時折、買い出しついでにレストランに立ち寄ります。子どもメニューなど子連れに配慮があり、居心地がよく、手頃な価格で北欧料理を味わえるのもＩＫＥＡの楽しみの一つ。次に訪れる日を待ちわびる自分がいます。

レゴ® デュプロ

保育園にお迎えに行くといつも夢中で遊んでいたので、長男4歳の誕生日にプレゼント。木箱に入れて取り出しやすく、放り込みやすく収納。2歳の弟も一緒に遊ぶのでコスパ良し。「〇〇が欲しい、買って～」となれば「レゴでつくりな」が最近の母の口癖（笑）。（LEGO JAPAN）

アニア

動物が大好きな長男に、口が開いたり首が動いたりする「アニア」の動物フィギュア。精巧なつくりでデザインがよく、新しい仲間が加わると大人もうれしい。子どものニーズから、動物関連のモノ増加中（上記写真のワシは「アニア」シリーズではありません）。アニア アニマルアドベンチャー（タカラトミー）

付属のDVDも素晴らしい。
『図鑑LIVE 動物』
（学研プラス）

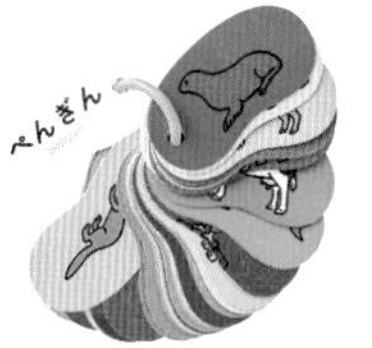

兄弟ともこのカードで動物の名前を覚えた。リングカード どうぶつ
（戸田デザイン研究室）

次男が夢中で一人遊びしてくれる。
アンパンマン おしゃべりいっぱい！
ことばずかんSuperDX（セガトイズ）

子どもの夢中にフォーカスするおもちゃたち

子どもが興味を示していないおもちゃを与えても、食いつくのは一瞬。これは予想をしていたし、実際誘導しようとしても成功したためしがないのでわが家の真実だと思います。だから買うのは、子どもが夢中になっていることに関するモノ。

例えば4歳の長男は今、動物にぞっこんです。家にある動物のフィギュアを使って、闘いごっこや狩りごっこが大好き。観るのはNHKの「ダーウィンが来た！」で、いっぱい溜めた録画から「ライオンのみせて」「海のやつみせて」とリクエストされるので探すのが大変！　気に入ると何度でも観ています。外遊びには虫網必須で昆虫を追いかけ回し、はまっているのはザリガニ釣り。今はとくに水生生物が好きなので、レジャー施設といえば方々の水族館です。

好きなモノの軸があると、お出かけ先を決めやすく、買う本も選びやすい。おもちゃも動物関連なら間違いがなく、親戚から「誕生日何がいい？」と聞かれたときも答えやすい。おもちゃの種類があまり散らばらないのも、非常にいいのです。

整理収納サービスでうかがうお宅には、「子どものおもちゃが片づかない」でお悩みの方がたくさんいました。わがやで心掛けているのは、物量を増やさないというより、「種類をふやさないように」ということ。

今家にあるのは、「動物フィギュア」「水生生物フィギュア」「レゴ」「ウルトラマン」「おままごと」「トミカ」「プラレール」の7くくり。くくりをこれ以上増やしたくないので、ウルトラ怪獣が1体増えるのはかまわないのですが、新たにぬいぐるみが入ってくるのは防ごう！　ということです。くくり構わず入れていくと、収納が難しくなり管理が複雑になっていきます。それはイコール、片付けにくさにも、遊びにくさにも直結してしまいます。

またくくりで考えることのよさは、①遊ぶ頻度の落ちたくくりを、2軍として丸ごとしまっておける　②飽きたくくりはごっそり手放せる　③箱いっぱいになったときに残すものを取捨選択しやすい、ということ。トミカやプラレールは親戚からお古をたくさんもらってすごい量。なかで区分して、2軍を実家に持っていくなどくくりごとに考えられるのは助かります。

このくくりのなかの「おままごと」は実は私の趣味。お店で食いついていたので、「興味あるんじゃーん！」と買って帰りました。ほかのおもちゃほど夢中にはなりませんが、たまにはやってくれるし、おままごと好きな子が遊びに来たときのお楽しみグッズでもあります。最初の言葉と矛盾するかもしれませんが、私だって夢が見たいんです。おままごとしたいよ〜。

しろくまとグータッチして使い方を覚える子ども用包丁。子ども用とは言え、親も気に入っている、ということは大事だと思う。こども用包丁 グーテ（富士カトラリー）

大人と同じように座れて、後ろが開いているのでおしりを拭きやすいデザイン。洗いやすく、フックでひっかけておける優れもの。ソフト補助便座（リッチェル）

子どものできたを助けるモノたち

2歳のころの長男は、自分で靴を履こうとせずやってもらうのを待つばかり。食事などほかのことでもそういう傾向があり、「自発性は大丈夫かしら」と少し心配していました。ところが3歳をすぎるとがぜん、自分で挑むように。微笑ましく見ていましたが、その際にニューバランスの靴はいい働きをしました。口が大きく開くので、拙《つたな》い手つきでも足を入れることができます。このシリーズは歩き始めた頃からずっと使っていて、親も履かせやすいと感じていました。子どもに「やってほしい」と望むことは、教えると同時に難易度の下がるようなモノを提供できたらベストだと感じています。

そしてどこにでも置いておける小さなおまるや使いやすい補助便座は、子どものためというより助ける親の働きのため。親が助かる、親にかかる負荷が少ないことによって、子どもへの働きかけがいい方向に促進されます。子ども包丁もそう。忙しい夕飯の準備中に、子どもに「お手伝いしたい」と言われるのは正直しんどい。けれども、理想は「家のことはみんなでする家族に」。そのためには、子どもがやりたいと言ったチャンスを逃さず経験を積んでほしいのです。見るたびに嬉しい子ども包丁は、そんな自分への助けにもなっています。

子どもと一緒におでかけしよう!

❶食事セット巾着（THE NORTH FACE）

お食事スタイ（マリメッコ）

お肉も切れるフードカッター（コンビ）

ランチおしぼりセット（無印良品）
＊タオルは私物です

❷おむつポーチ（無印良品）

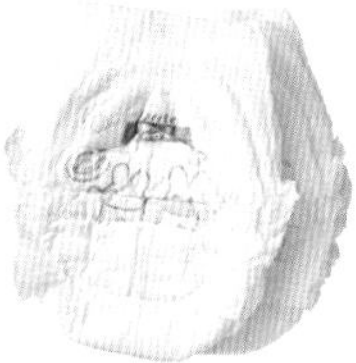

おむつ

おしりふき／フタポン（KOKUBO）

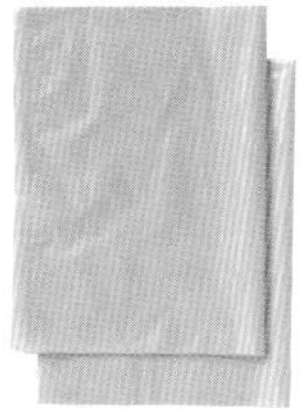

おむつが臭わない袋（BOS）

❸チェアベルト

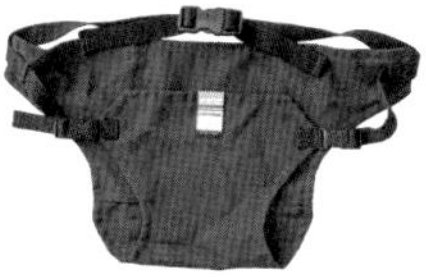

キャリフリーチェアベルト。
腰がすわって〜3歳くらいまで
（日本エイテックス）

❹おもちゃ

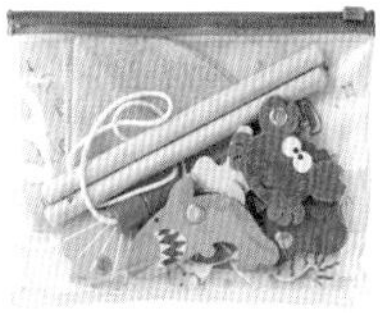

マグネット釣りゲーム。
ジップケースに入れて。

❺お菓子

粉もの保存容器 実容量710㎖（無印良品）
に入れて。

発見！ここにもあそこにも！本多家の大活躍１００均グッズたち

ウェットシートのカバー（フタは別）

ダイニングテーブルに吊るせて便利

梱包用ラップ

何かを梱包したいときに。資源ゴミをまとめるのにも

スリムペンスタンド

箸置き・れんげ入れにぴったり

キッチン消耗品収納ケース

キッチンの引き出しに立てて収納

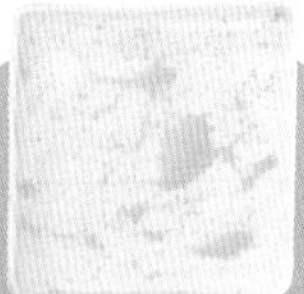

耐震ジェルマット

花瓶など、子どもが触れて倒れてほしくないものの下に

くぎ

各サイズちょうどいい量

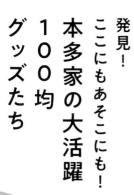

コーナーフック

気軽に調整できて◎

ミニタオル

こどもの口拭き用に便利

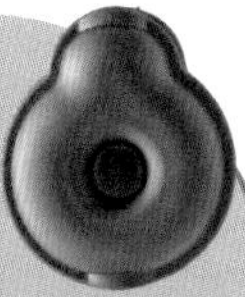

コード巻き取り機

長すぎるときにすっきり

フック

カバンやベルトの吊るし収納に

フェルトクッション

踏み台の下に

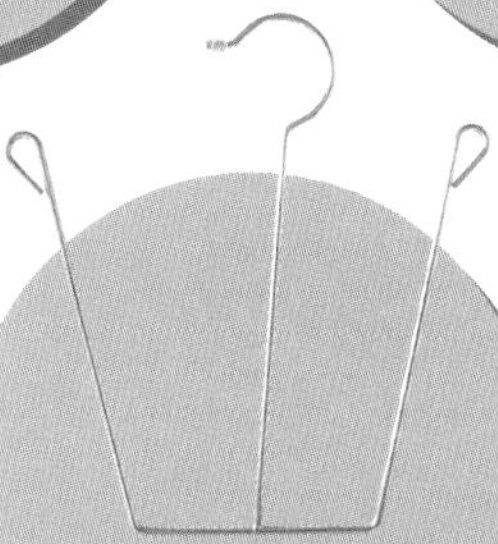

スニーカー干し

針金に片方ずつ干して

メッシュバッグ

お砂場セットを入れています

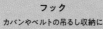

大成功の買い物

ある本で「これは大成功の買い物と言っていいだろう」という一文を読み、「私にとっての大成功の買い物って何だろう？」と思い家中を眺めてみました。

それでまず初めに思ったのは、「大成功かどうかジャッジしたくなるのは、ある程度高かったモノかも」ということ。高かったのに案外使わなかったり、高かったのにすぐ壊れたりしてしまえば、それは大成功の買い物とは程遠い結果ではないでしょうか。では高かった買い物って？　今回は思い切って「10万円超え」という基準でピックアップしてみることに。それでわがやで挙がったのが以下のとおりです。

パソコンは例外ですが、どれも見事に「身を預ける」モノばかり。とくに便器は夫婦でこだわってどうしてもTOTOがいい！　と贅沢したので

- 新居引越し時に新調したソファ（家具屋さんでオーダーしたもの）
- 3つ折りのマットレス布団（シングル2枚、ダブル1枚）
- TOTOの便器（リノベーション時施主支給品としてネット購入）
- 私の仕事用ノートパソコン（最近買い替えたばかり）
- 電動子乗せ自転車（保育園送迎のため兄弟が同時入園した2年前の春に購入）
- 夫の通勤用バイク（ちょうどコロナの直前に電車通勤から切り替えた）
- 5年前に中古で買った自家用車（家の次に大きな買い物）

すが、毎日使うたび幸せを感じています。布団やソファも同様に、身を預けたときの幸福感は何物にも代えがたいもの。

さらにはどれも毎日レベルで使っている、使用頻度激高のモノたちばかりなので、納得感のある買い物で、大成功の買い物と言ってよさそうです。これからも体重をのせるタイプのモノえらびには慎重に。

column 7

八章、
コミュニケーションになる贈りもの

贈りものは、相手のことを考えて選びたい。
どんな生活をしているのか、
どんな家族構成なのか、
何を好きと言っていたか。
何がその人の助けとなり、
何がその人の楽しみとなるか。
贈りものは、気持ちをモノに託した
コミュニケーションです。

駅の時計・ミニ　置時計マグネット付（無印良品）

海外へ行く人に贈る時計

友だちが長期で海外へ行くと聞き、無印良品の小さな置き時計を贈りました。彼女は元々少ないモノで暮らす人で、しかもこれから旅に出る。不必要かつかさばるモノだけは贈ってはなりません。この時計なら場所を取らず、旅先の時間に合わせてすぐに使うことができる。マグネット式なので金属面にはりつけてもいいし、机や枕元においてもジャマにならない。自分も使っていたから、軽やかでありながら何かと便利なことがわかっていました。

友だちは喜んで、旅先ではもちろんのこと帰国後も使い続けてくれています。今は英語や資格の勉強中に、そばに置いて時間をチェックするのに使ってくれているそうです。

海外赴任が決まった義理の姉にも、同じものを贈りました。一時帰国しているときは向こう時間のまま持ち帰ってきて、それを参考に仕事の電話などをかけていると聞いて嬉しい気持ちに。

自分の渡したものが、その人の新しい生活に沿っている。自分の代わりに、少しの助けとなってそばにいてくれる。相手が旅人であってもそうでなくても、その人の生活にプラスとなってくれるモノを贈れたらと思っています。

ハンカチとキッチンふきん M (YARN HOME)

めざせ！　プレゼント偏差値の高い人

贈りものには段階がありますね。「手軽でカジュアルな手土産など」↓「ちょっとした感謝や激励を表すプチギフトなど」↓「ちゃんとしたお祝い」といった具合でしょうか。ズバリ、どの段階の贈りものでもベストを叩き出したい自分がいます。モノを選ぶのが好きで、贈りものを選ぶときも前のめり。よくよく相手のことを考えて、「これぞ！」を見つけられる〝プレゼント偏差値〟の高い人間に憧れているのです。これには、相手への思い、モノへの知識、贈るタイミング、コストの加減など総合的なレベルが必要。なかなかに高度なことです。

ＹＡＲＮ ＨＯＭＥは、そんなプレゼント偏差値の高い親友と、百貨店パトロールの最中に出会ったブランド。シンプルで質がよく、どんな家でも使いやすいであろうファブリックが並んでいます。ギフトとしてもどの段階にも対応する、「ここで選べば大丈夫だ！」というモノの数々。たとえ何も買わなくても、脳内の贈りもの引き出しに入れておくことができます。自分で買うのはちょっと贅沢だけど、家にあったらおしゃれで心地がよく幸せなモノたち。

その親友が家を買ったので、お祝いを贈りました。親しい間柄なのでダイレクトに「何がほしい？」と聞くとここのブランケット。後日、娘ちゃんが放さないと聞いてにんまりです。

花束（野の花屋）

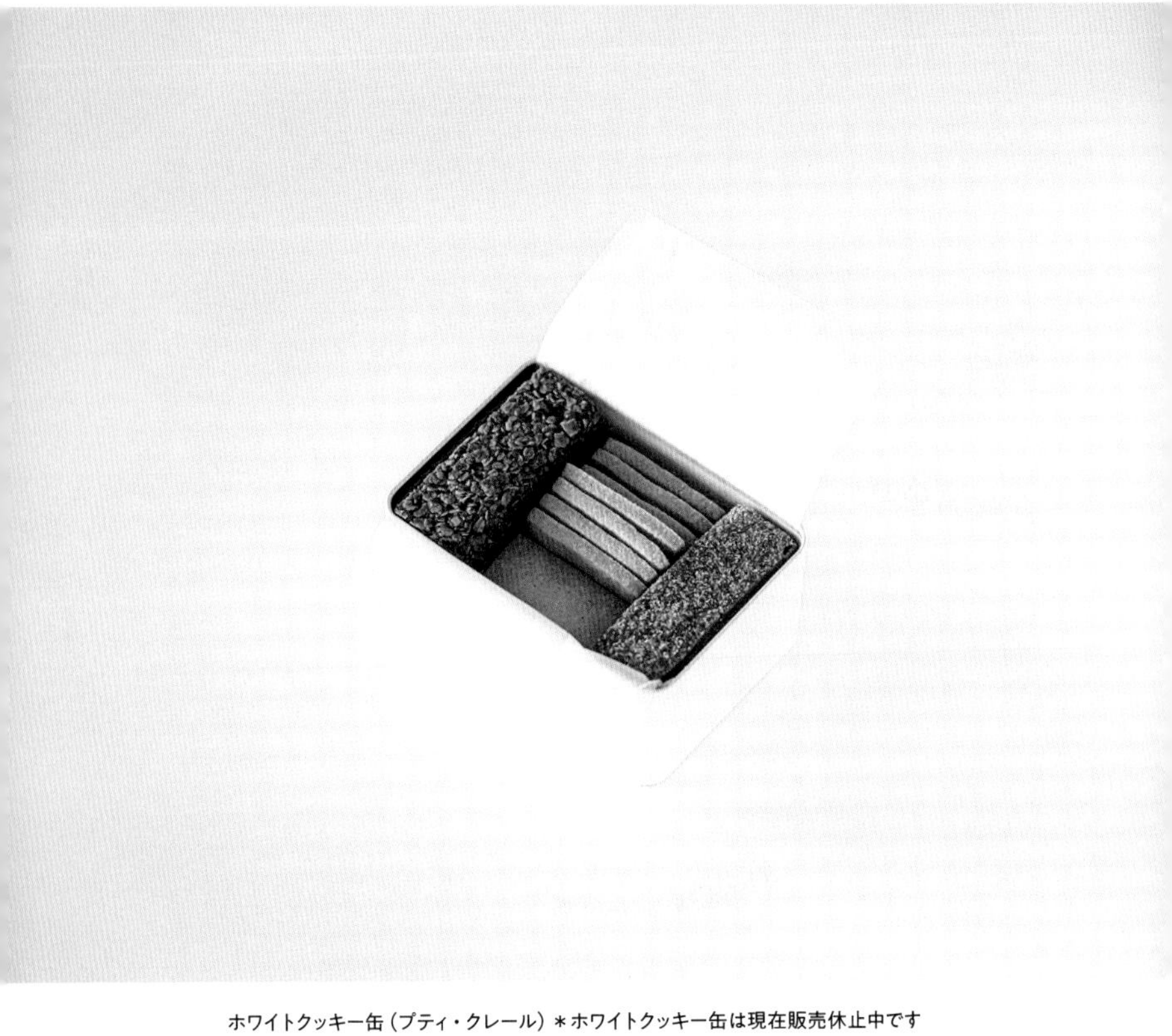

ホワイトクッキー缶（プティ・クレール）＊ホワイトクッキー缶は現在販売休止中です

地元の定番を贈る

贈りものをいただいたら、何であってもその気持ちが嬉しいものです。なかでも、その方の地元のお店のものだったりすると、より嬉しい。全国区のお店は知っている人もたくさんいるし多くの場所で買えるけれど、「地元の」となるとその地域の人しか触れる機会がありません。「知る人ぞ知る」であり、買う機会のないお店のモノだと思うとありがたみは倍増し。

モノを選んでいるときも同じなのですが、「これがいいと感じている」「なぜならこうだから」「このお店は地元でうんぬん」等々ストーリーとともに語られると一気に好きになってしまいます。その人の生活の中にあった物語で、その人と出会わなければ一生知ることのなかった貴重な体験を分けていただいたと感じます。

だから私も、お土産や贈りものは地元のお菓子屋さんで買うことが多いです。とてもおいしくて、ついフラフラと自分へのご褒美ケーキを買ってしまうお店の、その喜びを共有したい。自分を介することで、新しい出会いを持ってもらいたい。野の花屋さん（136ページ）のお花も、贈りものの定番のお店です。贈った方から「気に入って自分でも買いに行きました」なんて聞いたときには、いいマッチングができたんだなあと幸せな気持ちになりました。

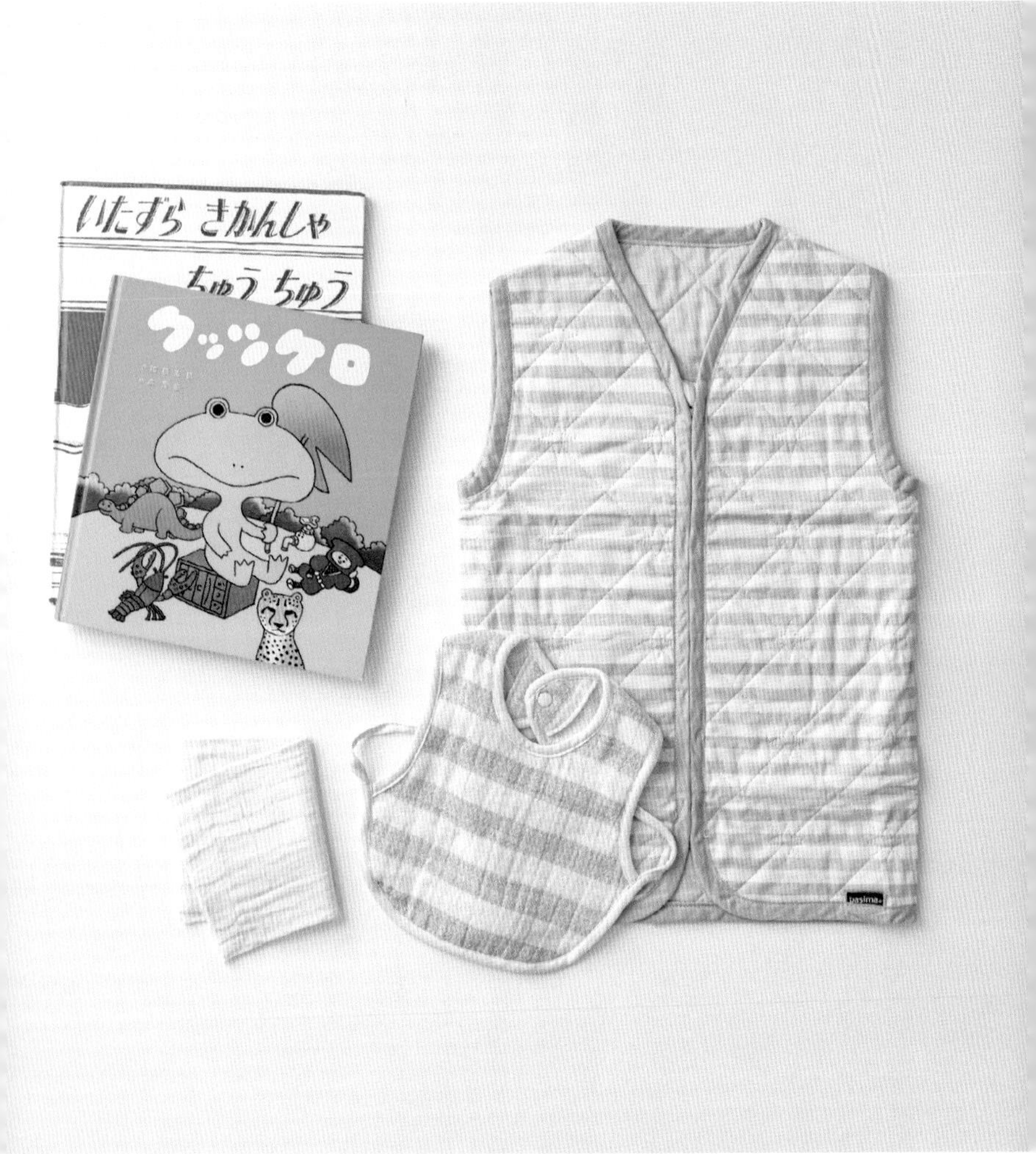

スリーパー（パシーマ）、オーガニックコットン ベビースラブガーゼスタイ（天衣無縫）、オーガニックコットン カットガーゼ（10枚入り）（育児工房）、『クッツケロ』（学研プラス）、『いたずらきかんしゃちゅうちゅう』（福音館書店）

ママからママへ贈りたい

自分で絵本を選ぼうとすると、目についた適当なものか、ロングセラーの有名な定番か、と選択肢を広く持てません。以前先輩ママから「うちの息子が大好きだったの」ともらった「いたずらきかんしゃちゅうちゅう」は、自分では絶対に選べなかったであろうもの。色数が少なく字が多かったので、当時2歳の長男にはまだ早いと判断したと思います。ところが、もう大ヒット！この本よりたくさん「読んで」とせがまれた本は後にも先にもありません。いい出会いをいただいたなと感じます。自分も、そんな出会いを人に提供できたらと思うのです。

同じように、育児グッズも経験に基づいた「これがよかったよ」を紹介したいし、紹介されたい。「うちはこんなケースで、これにこんな風に助けられたんだよ」というエピソードを聞くと、もうその時点で自分の育児にエールを送ってもらっているような気分。みんながんばっているんだなあと励まされるし、自分もがんばろうとやる気が出ます。私も誰かに「これを使ってがんばって！」と言いたい気持ち。

ひとりでする育児は大変だし心細いものだから、お母さん同士で連帯して「助かるモノ」を共有したい。モノだけでなく、心のつながりも感じます。

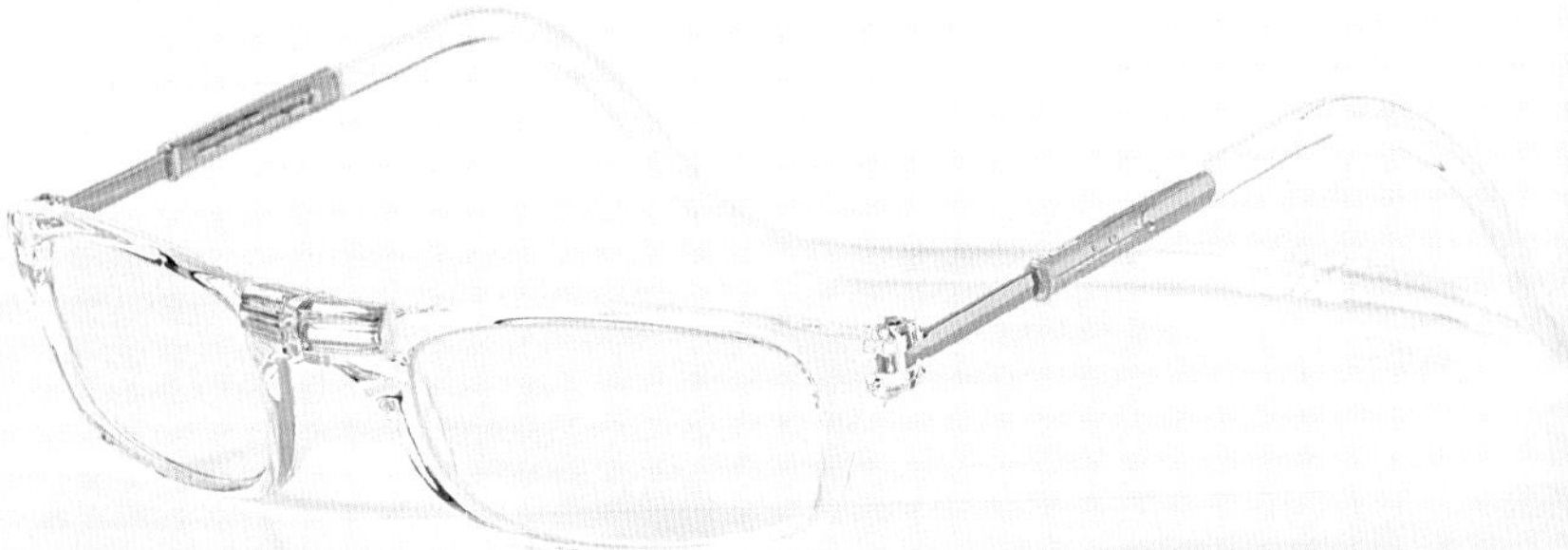

フロント部分をマグネットによって付け外しでき、普段は首にかけておける画期的な老眼鏡。クリックリーダー(クリックショップ)

母への贈りもの

母というのは、数十年先の自分の未来です。人生の先を歩いて、「この年齢になるとこういうモノが助かる」と教えてくれる人。

クリックリーダーを贈る前の母は、なにかっちゃあ「めがねめがね」とキョロキョロしていました。老眼鏡は近くを見るときだけに必要なので、用が済むとついその辺りに置きっぱなしにしてしまう。ある編集者さんがクリックリーダーを首から下げているのを見たとき「これぞ母に必要なモノ！」と飛びつきました。おかげで母の「めがねめがね」は聞かなくなりました。

さらに母は、近頃首まわりが前より急に寒く感じるようになったそう。それで、ネックウォーマーとレッグウォーマーを贈ったところ、もう手放せないとのこと。夏場でも首にバンダナを巻いてガードする習慣がつきました。母の年齢ならではの不調を見るにつけ、脳内の「将来こういうモノが必要なのね」引き出しにそっとしまっている昨今です。

近くに住む母には育児や家事を大いに助けてもらっています。感謝の気持ちも込めて、炭酸水をよく買うのを見て定期配送を頼んだり、カビてしまったお風呂のフタを贈ったり。両者アマゾンで手軽に送れて、ネット社会は親孝行にも貢献してくれていると感じています。

コットンペーパー便箋A5、封筒（無印良品）、コットンペーパーメッセージカード（無印良品）、一筆箋、シルク刷はがき（鳩居堂）、祝儀袋（無印良品）、ふきだし一筆箋、ひみつ付せん（ミドリ）、こころふせん ありがとう 大（マルアイ）、スターバックスギフトカード

ちょっとした手紙を「いいもの」に

仕事で書類を送るとき、お相手へちょっとした手紙を添えます。ささやかでも、一言あるのとないのとでは受け手の気持ちが違います。このとき、フツーの便せんに書くとなると「内容がすべて」となり苦手意識が顔を出す。何を書いたらいいのかと、なかなか取り掛かれません。

そんなときに背中を押してくれるのが、紙小物たち。「ひみつ付せん」を貼るだけで、「あらかわいい」「おもしろい」とちょっとしたプラスの感情を持ってもらえます。これだけですでに70点。一言記せばもう100点。さらに可愛い切手を貼って送れば120点の手紙といって過言ではないでしょう。郵便局で限定ものの切手を買うのは、私の楽しみのひとつであります。

紙小物は、魅力的。数多の素敵なモノのなかから選べて、アートのように楽しめて、レターグッズなら贈る相手にも共有することができます。ただ要注意なのは、明確な使用予定がないのに次々と買って何年でも死蔵させてしまうこと。「おおっ」というモノを発見して手に入れたいけど使う当てがない……というときは、それを使いそうな友だちの顔を思い浮かべています。教員の友人に付箋を、女児のいる家庭にシールを。それそのものを贈っても、文をしたためて送っても、グッズ自体がいいコミュニケーションツールになってくれます。

YARN HOME
荒川祐美さん

どうしてYARN HOMEが誕生したのですか？

荒川祐美
YARN HOMEデザイナー。「糸からはじめる、ものづくり」をテーマに、ベッドリネン、バス・キッチンアイテムを展開するファブリックブランド。
yarn-home.jp
Instagram @yarnhome

【YARN HOMEの商品】
UKIHA
パシーマを用いた「UKIHA」というラインのふきんやハンカチはちょっとしたプレゼントにぴったり。スッと吸水されて「これ~!」な肌心地。

ギフトとしての楽しみを広げたい

荒川さんの立ち上げたファブリックメーカー「YARN HOME」を見つけたときは興奮したものです（p80、160参照）。おしゃれなパシーマ！いったいどんな人がここに目をつけたのだろう。ワクワクしながらお話を伺いに行きました。

このブランドでは、パシーマを用いた「UKIHA」というライン以外にも、今治産のタオルや備後のデニム生地といった日本各地の伝統的な職人技を用いたファブリックをつくっています。UKIHAが生まれたのは、寝具メーカーを営むお父さんがパシーマを扱っていたために、子どものころからくるまれて育ち、そのよさを知っていたことから。デザイン性を加えようと発想したのは、ギフトとして人に贈るときに楽しさや可能性が広がるのではないかと考えてのことでした。

パシーマの龍宮株式会社に相談をし、独自の縫製や染色を加えた商品開発に着手。キルトをスクエアに縫う技術が高度であったり、染色のために生地を福岡と広島で往復させたりと様々な苦労がありました。製造を「日本の会社」でとこだわったのは、そこにそれぞれの誇る技術があり、よりよい方法を提案して商品をブラッシュアップしてくれるためです。信頼のできる工場といいものをつくりたいという思いがあります。

留学で得た価値観の変化

以前はスタイリストを目指していた荒川さんですが、イギリスに留学したことをきっかけに考えが広がりました。地方に住む70代のご夫妻宅にホームステイをして、イギリスの伝統的な生活を体験したときのこと。

「ホストマザーが毎日私のベッドを整えてくれて、毎週違う柄のリネンに替えてくれるんです。それがとても気持ちよくて、心を安らげてくれて。ファブリックがこんなにも人に影響を与えるんだと知り、父の仕事に関わりインテリアの仕事をしたいと思うようになりました」。

また当地の友人たちの暮らし方にも触発されたそう。部屋にカップボードを自作して設えたり、壁を塗って気分を変えたりとお金をかけなくとも生活を楽しんでいるさまをみて、日本とは違う価値観、生活の豊かさを感じました。

大切に長くモノを持ちたい

定期的にオイルを塗ってちゃんと手入れをしているのが木工作家・渡邊浩幸さんのツール。「大好きだから長く使いたい」モノを選び、大事に使い続ける暮らしが理想。イギリスでアンティークに触れたことで、長く使われて醸し出される味わいの素晴らしさに気づいたそうです。

愛着あります

カトラリー

イギリスには安くてかわいいアンティークがたくさんあり、興味を持つように。骨董市などで集めたカトラリーや皿が、「古いものの味わい」を教えてくれました。

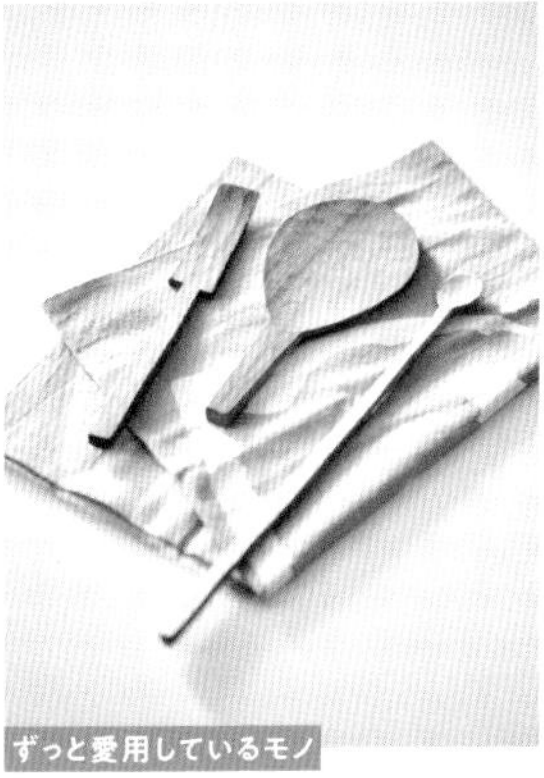

ずっと愛用しているモノ

渡邉浩幸の木のツール

目に入るたびうれしくて、手入れが苦にならない木のおさじたち。左からジャムスプーン、サーバースプーン、マドラー。

いい香りが好き

香りのモノ

サンタ・マリア・ノヴェッラのポプリを骨董市で買った器などに入れて各部屋に。左はイソップの香水「マラケシュ」。

只今リピート中

Shino Takedaさんの湯飲み

毎朝、湯飲みにミントティとえごま油を入れて飲みます。好きな器で気持ちよく体を整えたい。コム・デ・ギャルソンの小銭入れはシンプルで使いやすく、リピート買い。

column 8

プチギフト選びのセンス

プレゼント、とまでいかない、感謝の気持ちを伝えるための贈り物だったり、これから会う人への手土産だったり、いわゆるプチギフトといわれるような贈り物。これを上手に選べるセンスを磨きたいと思っています。「この前はどうもありがとう。これ、よかったらどうぞ」というとき、できれば「あぁこれは私のことを想って選んでくださったのね」と相手に伝わるようなモノを選びたい。その選択に至るヒントは、相手とのコミュニケーションにあります。「朝はごはん派なんです」と「食パン大好きなんです」という相手に贈りたいモノは変わるはず。相手との何気なく交わした会話を思い出しながら選んでいます。

私自身がそんな風にして選んでもらったモノを頂くと、とても嬉しい気持ちになります。最近嬉しかったのはビール6本パック。バッテリー上がりを起こしたママ友の車を救援しに行ったお礼に頂きました。「色気なくてごめんなさいね」と、裸のまま抱えて持ってきてくれた週末の夕暮れ時。なんて素晴らしいセンスだろう！と感心してしまいました。私のビール好きを覚えていてくださった証です。

プチギフトだからこそ、相手に気を遣わせないプチプライスであることも気を付けたいところ。そしてなるべく消耗品を選びます。友人はシャネルのコットンをもらって嬉しかったそうです。そのエピソードをヒントに、私もちょっといい歯磨き粉や入浴剤、アロマの香りのボディシートなどを贈って喜んでもらえた経験あり。日用品だけどちょっと贅沢で、自分ではなかなか買わないモノというのは、選ぶときに焦点をしぼりやすいのでおすすめです。お店でモノを見るのが大好きな私は、ギフトによさそうなモノに出会うと「これはマイギフト候補枠に認定！」とセンス磨きのため自主トレに余念がありません。

九章、

新生活とともに仲間入りしたモノ

昨年から今年にかけて、
中古マンションを購入してリフォームしました。
リフォーム中の約半年は
実家に居候させてもらい、
いよいよ新居に引っ越して3カ月。
新しい環境に合わせた
モノ選びに奔走しました。

調理中は近くに引き寄せて、入れやすいからノールックでポイ。これまで四角いゴミ箱でしたが、丸の入れやすさを実感しました。オバケツ KM45 シルバー /42L キャスター付（渡辺金属工業）

新たな家のゴミ箱の条件

ゴミ箱って、難しい。お客様に相談されてゴミ箱探しをしたことが何度かありますが、「置く場所」と「望む機能」によって選択肢が変わります。よってまずは、自分にとって最適なゴミ箱はなにかと、その条件をじっくり考察する必要があるのです。

ずっとシンプルヒューマンのゴミ箱をキッチンで使っていましたが、家が変わったので「最適条件のゴミ箱」も変わりました。カウンターの下に入れ込むために、フタを開けた状態で入る高さのもの。ほか、今必要な新しい条件とは何ぞやと考えるうち、時間が経ちました。

そんな折、キッチンとは別に、土間に置くゴミ箱として「オバケツ」を購入しました。長く使っても劣化しにくそうな素材と、キャスター付きを選べることが決め手。でも実は、土間のゴミ箱としては容量が小さく、失敗の買い物だったのです。そこでキッチンに置いてみたところ、使い勝手がすこぶるよい！　これまで、省スペースを考えて四角い形で、ペダルで開いて、中で分別できるものをと考えていましたが、まるで条件の違うオバケツが正解とは驚き。丸い方がゴミを投げ込みやすく、フタをひっかけておけるのもラク。キャスター付きを選んだので、調理や掃除の際に移動が簡単。失敗が幸いに転じたゴミ箱問題でした。

アコメヤで出会った桐の米櫃。スライド式のフタの開け心地、閉め心地がたまりません。スライド米びつ5kg（増田桐箱店×AKOMEYA TOKYO）

手拭きをどうしてもシンクの上に吊るしたい私。なぜなら、床に水をぽたぽた垂らしたくないのです。ニトリパトロールでこちらを見つけて「これだ！」。シンク扉タオルホルダーACUTO(WH)（ニトリ）

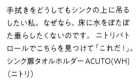

環境で変わる最適ツール

前の家のキッチンは、シンク下収納がドカンと大きい扉式でした。新しい家は、引き出しです。米は研ぐ場所の近くに置きたいので、米櫃はシンク〜調理台下に置きたい。以前の収納に適していた背の高い米櫃は、引き出しに入らないので代えることにしました。条件は、引き出しに入る高さで、置いたままフタを開けられる横長の形状であること。

引っ越したばかりで「モノ探しの鬼」と化していた私は、「そんじょそこらの米櫃じゃだめ。暮らし愛好家って言っちゃってんだから」と自らに圧をかけて探索（愛好家プレイ）。米といえばアコメヤはどうだ、と訪れて桐の米櫃に出会いました。店員さんから「金具が一切使われてなくて」「桐は防虫効果があって」「老舗の桐箱店とのコラボで」と説明されてノックアウト。いそいそと持ち帰りました。結局、引き出しの中に入れるより背後のオープン棚に置いた方が、鍋を近くに置けてこぼさない、ワンアクションでアクセスできるとメリットが大きかったので棚に置きました。視界に入るので、お気に入りを愛でられて一石三鳥です。

モノは長く使えた方がいいのですが、環境の変化で使い勝手が悪くなり、ストレスを感じるようなら一考の余地あり。暮らしながらベストのモノを探っていくのがよさそうです。

あれこれ済ませてソファで一息つきながら、部屋を抜ける風を感じているときがとても幸せ。「今」と「これから」に合うソファを見つけました。comfort sofa（HOLLY WOOD BUDDY FURNITURE）

ソファの代替わり

10年前に買ったソファは、数年前から「趣味と合わなくなってきたな」と感じていました。リフォームで実家に半年住むとなったことと、ソファなし生活を試してみたいという気持ちもあって引っ越し前に手放すことに。革がいい具合に育っていたこともあり、メルカリで買い手がつきました。次に愛でてくれる人がいることを嬉しく思いつつお別れです。

実験的なソファなし生活では夫が「居場所がない」と不便をうったえ、新居にソファを置くことが確定しました。以前のソファのよさを踏襲し、3シーターで寝心地がよく、肘かけが枕になること、下を掃除機で吸えることが条件です。畳に似合って、何十年先も飽きないであろうデザインのもの……と探していると、家具屋さんのインスタグラムに投稿されていたソファに目が留まりました。ただ、名古屋の店舗でしか実物を見られません。保留にしていたところ、幸運にも仕事で名古屋に行くことが決まりました。おかげで実物の寝心地を確認できて、購入決定。ソファは無事、夫の居場所となり、子どもの遊び場となり、私のくつろぎスポットになりました。時折、夜に寝っ転がってそのまま朝まで寝てしまうほどの寝心地。体も全然痛くなりません。いい出会いができてよかったと、毎日のように思っています。

GLO-BALL S2（jasper morrison／フロス）

フロアランプ　ＮＪＰフロア（nendo／ルイスポールセン）

照明にめざめる

照明は、まったくわからないジャンルでした。どんな照明ならいいのかと、必要条件をあげることすらままならない。ちょうど照明マニアの友人がいたので、相談をしました。すると候補を挙げてくれたなかに、リフォームを担当した建築士さんと同じお勧めの品が。「ふたりが言うなら、それ！」と全幅の信頼を置いて買ったのがダイニングのGLO-BALLです。シンプルを極めたデザインながら、球体のどこにも影ができないように計算されている作品。柔らかな灯りで、食卓のシーンを温かく演出してくれています。

建築士さんは、「家が人に似合っていること」を大事にして設計してくれました。照明は、家に似合っていることを大事にしなくてはなりません。また友人が言うには、「照明は人の居場所をつくる」のだとか。灯りのあるところ＝「居場所ですよ」と明確になり、居心地がよくなる。わが家は個室がなく全体がつながった間取りだから、灯りでメリハリをつけるのは大正解と感じました。そして現在、遅ればせながらドラマ「きのう何食べた？」にドはまりしており、主役ふたりの部屋の間接照明づかいが素敵で、憧れています。ソファの横には夫と選んだルイスポールセン。次は床置きのなにか……とワクワクしながらアンテナを張っています。

①

②

①ドアマット TRAMPA
②ドアマット OPLEV
③キッチンマット BRYNDUM グレー
(以上IKEA)

③

マットで目印

土間をつくり玄関が広くなったので、マットを置いて「ここで脱いでね」の目印としました。なにせ公園から帰ってきた子どもたちの靴は砂だらけ！　あっちやこっちで脱がれると、汚れる範囲が広くて難儀します。最初はパームのマットを敷いていましたが、玄関には小さすぎたので買い直してパームはベランダへ。置くつもりのなかったベランダのマットですが、置いてみたら「ここが出入り口でサンダルの戻る場所です」と明確になり、空間が整いました。もう一カ所の出入り口にも買って、片方は私ので片方は夫のサンダルと定位置管理が明確に。

キッチンマットも、以前の家では使っていなかったけれど導入したもの。新しい家の床はコーティングしていない無垢材なので、水ハネが染みます。染み防止に水回りにだけ敷きました。ちなみにどのマットもみんなＩＫＥＡで購入。マットは消耗品ととらえ、気軽な値段でシンプルなモノをという意識です。最近は「どこで買いましたか？」という質問への回答の多くが「ＩＫＥＡ」。部屋が和＋北欧という雰囲気なので、北欧からきたＩＫＥＡがなじむようです。

今、マットに関するお悩みは脱衣所。息子２人とのれるサイズと考えると、長方形というより正方形に近いモノ……？　なかなかないので、母に縫ってもらおうかなんて考えています。

踏み台　350サイズ（木印）

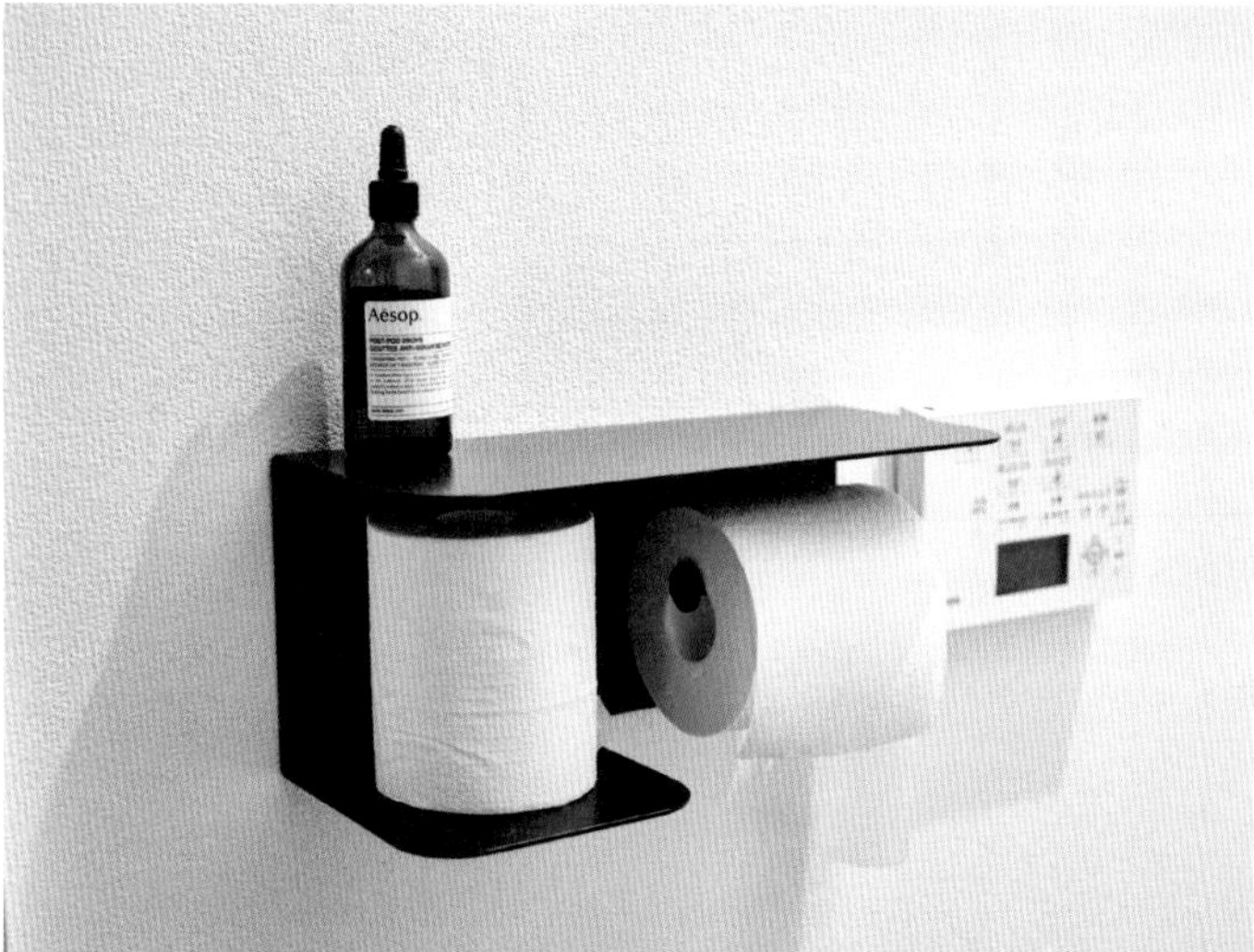

SDFG-03/PAPER HOLDER/01 black（STUDIO DOUGHNUTS）
＊現在ブラックは販売休止中です

「だって好きだから」のぜいたく枠

インスタグラムで発見した、STUDIO DOUGHNUTSのトイレットペーパーホルダー。投稿からさまざまな家のホルダー事情が垣間見えると同時に、「真鍮製が流行っているな」「最近の私は趣味はもう〝ほっこりカフェ〟じゃなくて〝しっぽり宿〟なんだよな」「黒い塗装いいな」とあれこれ考察。トイレに一切の収納がないので、予備のペーパーを置けて、棚の機能も兼ねてくれたらベストだなと探していきついたのがこちらでした。ホルダーで2万円弱は高価ですが、家という大きな買い物のあとで金銭感覚がくるいぎみなのに加え、この機会じゃないと付けられないし、10年先でもありがたい存在に思えるだろう！と購入して大満足。

子どもが手を洗うための洗面所の踏み台は、今まで使っていたコロコロチェアでは高さが合わないために購入しました。まな板をリピート買いしている「木印」のもので、商品のよさとアフターフォローのよさから信頼を寄せている家具屋さんです。サイトでこの踏み台を見つけ、「かわいい」「高さもちょうどいい」「畳める」「早く買わないと次男が育つ」「かわいい」と独り言がとまらず、即買いです。次男が小さな足で段を上り下りする様子がたまらなく、「親バカ兼持ち主バカだなあ」なんて思っています。

シューノ（ロイヤル）

収納のこと

洗面台には収納がなく、洗面ボウルのほかは広い台と大きな鏡のみです。洗顔や歯磨きに必要なモノは、近くのオープン棚にバスケットでまとめて置いてあります。身づくろいの際にはバスケットごと洗面台にドンと置いて、必要なモノをワンアクションで取り戻し。

リフォームするにあたって、「シューノ」という棚の増減や位置調整が自由な収納を各所に設えました。棚板だけではなくポールをつけることもできる、極めて自由度の高いシステムです。壁の内側に下地を入れる必要があるため、リフォームでこの商品に出会えたことは幸いでした。

人の暮らしはずっと同じではありません。季節とともに、年月とともに、習慣も持ちモノも変化をし続けます。収納に合わせて行動するのではなく、暮らしに合わせた収納に変えていくことが、「ラクで片付く、居心地のいい住まい」を叶えるコツだと思っています。

収納に自由度が少なかったとしても、大切なのは「今の収納を根本から変える」視点を持つこと。「これは本当にここに収めるモノなのか」と疑う目をいつも持つこと。今よりよい収納を目指し、自分の普段の行動を観察して、実際に変えてみること。それがどんな家においても、どんな備え付け収納のカタチでも、よりラクな暮らしへの一歩となります。

おわりに

母になって4年。2歳差男児ふたりの育児の大変さに、何度もくじけそうになりながらここまで来ました。去年購入したマンションをリノベーションすることになったとき、大事にしたのが「家に私を助けてほしい！」という視点でした。そして完成したのは、「家事のしやすさ」「子どもと大人の平和共存」にとことんフォーカスした家。回遊できる間取りは家事と育児の同時進行を叶え、子どもたちも空間をダイナミックに使った遊びを楽しめているようです。

今の生活が回っているのは、この家と、「助けてもらうために！」と選び取ってきたモノたちのおかげが大きいのです。

家族の平和のためには、母さんのご機嫌キープが重要案件！　と信じてやまないこの頃。助けになってくれるモノを選び、どこに配置しどんなシーンで力を発揮してもらうか采配を振るのも私の大事な任務です。最近、業務用の大きなバスマットを買ったら子どもたちとの入浴後のバタバタを大いに助けてくれて、私はご機嫌。モノ選びの成功による見返りの大きさは計り知れません。

執筆協力　矢島史
撮影　木村文平
装丁　仲島綾乃
校正　谷内麻恵
編集　小宮久美子（大和書房）

本多さおり

生活重視ラク優先の整理収納コンサルタント。「もっと無駄なく、もっとたのしく」、と日々生活改善に余念がない。夫 、長男（4歳）、次男（2歳）の４人暮らし。主な著書に『片付けたくなる部屋づくり』（ワニブックス）、『もっと知りたい無印良品の収納』（KADOKAWA）、『モノは好き、でも身軽に生きたい。』『赤ちゃんと暮らす』『とことん収納』『暮らしは今日も実験です』（以上大和書房）など。最新刊に中古マンションリノベを綴った、『家事がとことんラクになる 暮らしやすい家づくり』（PHP研究所）がある。

オフィシャルウェブサイト http://hondasaori.com/
ブログ「片付けたくなる部屋づくり」http://chipucafe.exblog.jp/
インスタグラム ＠saori_honda

モノが私《わたし》を助《たす》けてくれる

10年先《ねんさき》も使《つか》いたい
暮《く》らしに投資《とうし》するモノ選《えら》び

2020年9月 1 日　第1刷発行
2020年9月20日　第2刷発行

著者　本多《ほんだ》さおり

発行者　佐藤 靖

発行所　大和《だいわ》書房
東京都文京区関口1-33-4
TEL 03-3203-4511

印刷　歩プロセス
製本　ナショナル製本

ISBN 978-4-479-78514-9

http://www.daiwashobo.co.jp

＊本書に記載されている情報は2020年7月時点のものです。商品の仕様などについては変更になる場合があります。
＊本書に掲載されている物はすべて著者の私物です。現在入手できないものもあります。あらかじめご了承ください。

いま欲しいモノ

・炭酸メーカー……ソーダストリームなど
・お掃除ロボット……ルンバ、ルーロなど
・プロジェクター……壁に画像が映せるもの
・ホットクック内鍋の予備……洗わなくても次のおかずがすぐ作れるように
・新しいダンスコ……夏の足元を軽やかにする白が候補
・ベーシックなスニーカー……コンバースやオールスターなど
・ルーフバルコニー用の家具……常設しておけるパラソル、テーブル、イス
・ホットプレート……休日のホットプレートごはんへの憧れ。
これを見越してダイニングテーブル下に床用コンセント付けました

なんか家電ばっかりで夢がないですね……笑